Introdução à Metodologia
do Trabalho Científico

O GEN | Grupo Editorial Nacional – maior plataforma editorial brasileira no segmento científico, técnico e profissional – publica conteúdos nas áreas de ciências sociais aplicadas, exatas, humanas, jurídicas e da saúde, além de prover serviços direcionados à educação continuada e à preparação para concursos.

As editoras que integram o GEN, das mais respeitadas no mercado editorial, construíram catálogos inigualáveis, com obras decisivas para a formação acadêmica e o aperfeiçoamento de várias gerações de profissionais e estudantes, tendo se tornado sinônimo de qualidade e seriedade.

A missão do GEN e dos núcleos de conteúdo que o compõem é prover a melhor informação científica e distribuí-la de maneira flexível e conveniente, a preços justos, gerando benefícios e servindo a autores, docentes, livreiros, funcionários, colaboradores e acionistas.

Nosso comportamento ético incondicional e nossa responsabilidade social e ambiental são reforçados pela natureza educacional de nossa atividade e dão sustentabilidade ao crescimento contínuo e à rentabilidade do grupo.

Maria Margarida de Andrade

Introdução à Metodologia do Trabalho Científico

Elaboração de Trabalhos na Graduação

Colaboração de João Alcino de Andrade Martins
Doutor em Engenharia, EPUSP

10ª Edição

■ A autora deste livro e a editora empenharam seus melhores esforços para assegurar que as informações e os procedimentos apresentados no texto estejam em acordo com os padrões aceitos à época da publicação, *e todos os dados foram atualizados pela autora até a data de fechamento do livro.* Entretanto, tendo em conta a evolução das ciências, as atualizações legislativas, as mudanças regulamentares governamentais e o constante fluxo de novas informações sobre os temas que constam do livro, recomendamos enfaticamente que os leitores consultem sempre outras fontes fidedignas, de modo a se certificarem de que as informações contidas no texto estão corretas e de que não houve alterações nas recomendações ou na legislação regulamentadora.

■ A autora e a editora se empenharam para citar adequadamente e dar o devido crédito a todos os detentores de direitos autorais de qualquer material utilizado neste livro, dispondo-se a possíveis acertos posteriores caso, inadvertida e involuntariamente, a identificação de algum deles tenha sido omitida.

■ **Atendimento ao cliente: (11) 5080-0751 | faleconosco@grupogen.com.br**

■ Direitos exclusivos para a língua portuguesa
Copyright © 1993, 2022 (13ª impressão) by
Editora Atlas Ltda.
Uma editora integrante do GEN | Grupo Editorial Nacional

■ Travessa do Ouvidor, 11
Rio de Janeiro – RJ – 20040-040
www.grupogen.com.br

■ Reservados todos os direitos. É proibida a duplicação ou reprodução deste volume, no todo ou em parte, em quaisquer formas ou por quaisquer meios (eletrônico, mecânico, gravação, fotocópia, distribuição pela Internet ou outros), sem permissão, por escrito, da Editora Atlas Ltda.

■ Capa: Aldo Catelli
■ Editoração eletrônica: Lino-Jato Editoração Gráfica
■ Ficha catalográfica

CIP-BRASIL. CATALOGAÇÃO NA PUBLICAÇÃO
SINDICATO NACIONAL DOS EDITORES DE LIVROS, RJ

Andrade, Maria Margarida de

Introdução à metodologia do trabalho científico : elaboração de trabalhos na graduação / Maria Margarida de Andrade. – 10. ed. – [13. Reimpr.]. – São Paulo : Atlas, 2022.

ISBN 978-85-224-5856-1
1. Metodologia 2. Métodos de estudos 3. Pesquisa 4. Trabalhos científicos – Redação I. Título. II. Título : Elaboração de trabalhos na graduação.

93-2905 CDD-001.42

Para os alunos da Universidade Mackenzie, especialmente os das Faculdades de Letras e Pedagogia, que compartilharam comigo o entusiasmo na realização deste Projeto de Curso de Metodologia Científica.

Sumário

Prefácio à 10ª edição, xi

Prefácio à 5ª edição, xiii

Prefácio à 1ª edição, xv

Parte I – Requisitos Básicos, 1

1 A importância da leitura, 3
    1.1 Tipos de leitura, 4
    1.2 Finalidades da leitura, 7
    1.3 Modalidades de leitura, 7
    1.4 Fases da leitura informativa, 8
    1.5 Tipos de análise de textos, 9

2 Técnicas para a elaboração dos trabalhos de graduação, 11
    2.1 Técnica de sublinhar para esquematizar e resumir, 11
    2.2 Elaboração de esquemas, 12
    2.3 Tipos de resumo, 15
    2.4 Redação de resumos: parágrafos e capítulos, 17
    2.5 Redação de resumos de livros, 23

3 Técnicas de pesquisa bibliográfica, 25
    3.1 O uso da biblioteca: fontes bibliográficas, 25
    3.2 Identificação das fontes, 27
    3.3 Classificação das fontes, 28

viii Introdução à Metodologia do Trabalho Científico • Andrade

3.4 Fontes primárias e secundárias, 28
3.5 Pesquisa bibliográfica na Internet, 30
    3.5.1 Usando *sites* de busca, 31
    3.5.2 Copiando arquivos com o navegador, 34
    3.5.3 Otimizando os resultados, 35
    3.5.4 Pesquisa em *sites* específicos, 37

4 Fases da pesquisa bibliográfica, 45

4.1 Escolha e delimitação do tema, 45
4.2 A coleta de dados, 46
4.3 Localização das informações, 46
4.4 Documentação dos dados: anotações e fichamentos, 47
    4.4.1 Fichas: tamanhos e conteúdos, 47
    4.4.2 Uso das fichas e organização dos fichários, 49
4.5 Seleção do material, 56
4.6 Plano do trabalho, 57
4.7 Redação das partes, 57
4.8 Leitura crítica para a redação final, 58
4.9 Organização da bibliografia, 58

5 Fases da elaboração dos trabalhos de graduação, 71

5.1 Escolha do tema, 71
5.2 Delimitação do assunto, 72
5.3 Pesquisa bibliográfica: leituras e fichamentos, 73
5.4 Seleção do material coletado, 73
5.5 Reflexão, 74
5.6 Planejamento do trabalho, 74
5.7 Redação prévia das partes, 75
5.8 Revisão do conteúdo e da redação, 75
5.9 Redação final e organização da bibliografia, 76

6 Partes que compõem um trabalho de graduação, 77

6.1 Folha de rosto, 77
6.2 Sumário/índice, 79
6.3 Partes obrigatórias ou corpo do trabalho, 79
    6.3.1 Introdução, 79
    6.3.2 Desenvolvimento, 80
    6.3.3 Conclusão, 81
6.4 Parte referencial, 81
    6.4.1 Apêndices e anexos, 82
    6.4.2 Bibliografia, 82

Sumário ix

7 Apresentação dos trabalhos: aspectos exteriores, 83
7.1 Tamanho das folhas e numeração, 83
7.2 Margens e espaços, 84
7.3 Títulos e subtítulos, 84
7.4 A escrita: normas gerais, 86

8 Normas para a redação dos trabalhos, 89
8.1 Objetividade, 89
8.2 Impessoalidade, 89
8.3 Estilo, 90
8.4 Clareza e concisão, 90
8.5 Modéstia e cortesia, 91
8.6 Técnica de citações no corpo do trabalho, 91
8.7 Notas de rodapé, 94

9 A elaboração de seminários, 97
9.1 Seminário: conceito e finalidades, 97
9.2 Objetivos do seminário, 98
9.3 Modalidades de seminário, 98
9.4 Temas, 99
9.5 Roteiro para a elaboração dos seminários, 99
9.6 Normas para a apresentação escrita e oral, 102
9.7 Avaliação do seminário, 103

Parte II – Introdução à Pesquisa Científica, 107

10 Pesquisa científica: noções introdutórias, 109
10.1 Conceitos de pesquisa, 109
10.2 Requisitos para uma pesquisa, 110
10.3 Finalidades da pesquisa, 110
10.4 Tipologia da pesquisa, 111
    10.4.1 Pesquisa quanto à natureza, 111
    10.4.2 Pesquisa quanto aos objetivos, 111
    10.4.3 Pesquisa quanto aos procedimentos, 113
    10.4.4 Pesquisa quanto ao objeto, 113

11 Métodos e técnicas de pesquisa, 117
11.1 Métodos, 117
    11.1.1 Métodos de abordagem, 118
    11.1.2 Métodos de procedimentos, 121
11.2 Técnicas de pesquisa, 122
    11.2.1 Documentação indireta, 123
    11.2.2 Documentação direta, 123

12 Pesquisa de campo, 125

12.1 Projeto de pesquisa, 125

12.2 Planejamento da pesquisa, 126

12.3 Técnicas da pesquisa de campo, 131

12.4 Técnica de entrevistas, 131

12.5 Instrumentos da pesquisa, 134

12.6 A coleta de dados, 137

12.7 A elaboração dos dados, 138

12.8 Representação dos dados, 139

13 O relatório de pesquisa, 147

13.1 Partes que compõem um relatório, 147

13.2 Introdução, 147

13.3 Desenvolvimento, 149

13.4 Conclusão, 149

13.5 Parte referencial, 149

13.6 Apresentação, 150

Bibliografia, 151

Índice remissivo, 155

Prefácio à 10ª edição

A 10ª Edição deste livro apresenta a matéria revisada, inclusive o item 3.5 Pesquisa bibliográfica na Internet, considerando-se que as informações obtidas por este meio estão sendo constantemente atualizadas.

Todo o texto foi adaptado ao Novo Acordo Ortográfico da Língua Portuguesa, que entrou em vigor em 1º-1-09, embora o MEC tenha estipulado que os livros didáticos têm prazo até 2012 para adotar a nova ortografia.

A Editora Atlas, antecipando-se à obrigatoriedade da Lei, tem publicado seus livros, desde janeiro de 2009, obedecendo ao Novo Acordo Ortográfico.

Mais uma vez agradeço aos professores e alunos a boa acolhida que vêm dispensando a esta obra.

A Autora

Prefácio à 5ª edição

Ao publicar uma nova edição deste livrinho, gostaria de agradecer a boa aceitação de meu despretensioso trabalho por parte de colegas, professores e alunos.

*Esta edição foi acrescida de um tópico **Pesquisa bibliográfica na Internet**, da autoria de João Alcino de Andrade Martins. De maneira clara e prática, este pequeno guia de consultas na Internet indica procedimentos básicos e apresenta listas de vários sites em português, para facilitar a busca de informações.*

Esperando continuar recebendo o apoio e incentivo de colegas e alunos, gostaria de lembrar que toda crítica construtiva será muito bem recebida.

A Autora

Prefácio à 1ª edição

Há muitos e bons livros de Metodologia Científica, publicados por diversas editoras; contudo, os alunos de graduação sentem falta de algumas noções preliminares, que possibilitem a compreensão e utilização desses compêndios.

Creio que a Metodologia Científica deve começar a ser exercitada a partir das noções introdutórias, dos fundamentos; portanto, é preciso proporcionar aos alunos os requisitos básicos para a elaboração dos trabalhos dos cursos universitários.

O objetivo deste livro é exatamente este: introduzir o aluno na prática da Metodologia Científica, pelo domínio das técnicas que visam facilitar o bom desempenho nos trabalhos dos cursos de graduação.

Os procedimentos metodológicos aqui sugeridos foram extremamente simplificados, pois não é meu objetivo oferecer um livro de Metodologia, mas uma introdução ou uma preparação à Metodologia Científica.

A matéria apresentada constitui os programas que venho desenvolvendo nas disciplinas Metodologia Científica I e II nas Faculdades de Letras e Pedagogia da Universidade Mackenzie.

Ficaria muitíssimo gratificada se as noções contidas neste livro pudessem ser de alguma utilidade para outros alunos.

Aos colegas professores, antecipadamente agradeço críticas e sugestões que possam aperfeiçoar este despretensioso trabalho.

A Autora

Parte I

Requisitos Básicos

1

A importância da leitura

Apesar de todo o avanço tecnológico observado na área de comunicações, principalmente audiovisuais, nos últimos tempos, ainda é, fundamentalmente, através da leitura que se realiza o processo de transmissão/aquisição da cultura. Daí a importância capital que se atribui ao ato de ler, enquanto habilidade indispensável, nos cursos de graduação.

Entre os professores universitários é generalizada a queixa: os alunos não sabem ler! O que pode parecer um exagero tem sua explicação. Os alunos, de modo geral, confundem leitura com a simples decodificação de sinais gráficos, isto é, não estão habituados a encarar a leitura como processo mais abrangente, que envolve o leitor com o autor, não se empenham em prestar atenção, em entender e analisar o que leem. Tal afirmativa comprova-se com um exemplo simples: é muito comum, em provas e avaliações, os alunos responderem uma questão, com acerto, mas sem correspondência com o que foi solicitado. Pergunta-se, por exemplo, – *quais as influências observadas...* – esperando-se, obviamente, a enumeração das influências; a resposta, muitas vezes, aponta *a que se referem* essas influências e não – quais são –. Ora, por mais correta que seja a resposta, não responde ao que foi solicitado.

Aprender a ler não é uma tarefa tão simples, pois exige uma postura crítica, sistemática, uma disciplina intelectual por parte do leitor, e esses requisitos básicos só podem ser adquiridos através da prática.

Os livros, de modo geral, expressam a forma pela qual seus autores veem o mundo; para entendê-los é indispensável não só penetrar em seu conteúdo básico, mas também ter sensibilidade, espírito de busca, para identificar, em cada texto lido, vários níveis de significação, várias interpretações das ideias expostas por seus autores.

Já se tornou antológica e obrigatória, quando se trata de leitura, a citação de Paulo Freire, para quem "a leitura do mundo precede a leitura da palavra..."; contudo, torna-se necessário ir mais além:

> Refiro-me a que a leitura do mundo precede sempre a leitura da palavra e a leitura desta implica a continuidade da leitura daquele.
>
> De alguma maneira, porém, podemos ir mais longe e dizer que a leitura da palavra não é apenas precedida pela leitura do mundo, mas por uma certa forma de "escrevê-lo" ou de "reescrevê-lo", quer dizer, de transformá-lo através de nossa prática consciente (FREIRE, 1984, p. 22).

O processo de ler implica vencer as etapas da decodificação, da intelecção, para se chegar à interpretação e, posteriormente, à aplicação. A decodificação é uma necessidade óbvia, tarefa que qualquer pessoa alfabetizada pode empreender, pois consiste apenas na "tradução" dos sinais gráficos em palavras. A intelecção remete à percepção do assunto, ao significado do que foi lido. A interpretação baseia-se na continuidade da "leitura do mundo", isto é, na apreensão e interpretação das ideias, nas relações entre o texto e o contexto. Vencidas as etapas anteriores, pode o leitor passar à aplicação do conteúdo da leitura, de acordo com os objetivos que se propôs.

Para penetrar no conteúdo, apreender as ideias expostas e a intencionalidade subjacente ao texto, é fundamental que o leitor estabeleça um "diálogo" com o autor, que se transforme, de certa forma, em coautor, a fim de reelaborar o texto, ou seja, "reescrever o mundo", como sugere Paulo Freire.

A leitura do texto, quando o leitor se transforma em sujeito ativo, é um manancial de significações e implicações que vão sendo descobertas a cada releitura.

A esse respeito, diz Koch (1993, p. 162):

> Importante é o aprendiz notar que cada nova leitura de um texto lhe permitirá desvelar novas significações, não detectadas nas leituras anteriores. (...)

Há, porém, que se considerar os tipos, as modalidades e finalidades da leitura.

1.1 Tipos de leitura

Quanto aos tipos ou natureza da leitura, vale lembrar aqui que existem, além da leitura verbal, outros tipos de leitura que são utilizados habitualmente, em diversas situações.

Quando alguém pára num sinal de trânsito, por exemplo, está executando uma ordem recebida através da leitura de um símbolo, que pode indicar tanto a necessidade de parar, como a mão de direção, a proibição de estacionar etc. Esta leitura, através de imagens ou símbolos, recebe o nome de icônica, palavra derivada de ícone – que vem do grego, com o significado de "imagem". Mas nem só os sinais de trânsito são passíveis de uma "leitura icônica". Hoje, as imagens, que constituem uma linguagem universal, são referências obrigatórias nos aeroportos, grandes restaurantes, *shopping centers* e áreas de turismo e lazer.

Outro tipo de linguagem universal é a gestual, ou seja, através dos gestos, codificados ou não. São exemplos de linguagem gestual codificada a linguagem dos surdos-mudos, a linguagem dos jogadores de vôlei e outras.

O CÓDIGO DOS LEVANTADORES

 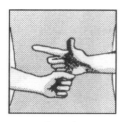  

Positivo
É uma bola rápida, com pouca altura. O atacante salta ao mesmo tempo que o levantador toca na bola, que é batida na ascendente. Se o sinal é para cima, o atacante bate sobre a cabeça do levantador. Essa jogada também pode ser feita na entrada ou saída de rede.

Chutada
Usada nas três posições, mas com maior frequência na entrada e meio de rede. É uma levantada longa, mas rente à rede. O atacante bate a bola, na ascendente, a cerca de um metro de distância do levantador. Um dos requisitos para se fazer essa jogada é um passe perfeito.

Tempo Atrás
Com o sinal de dedo mínimo, o levantador puxa uma bola de trás, também rápida. O atacante salta, no meio da rede, atrás do levantador e bate a bola. Além do passe, essa jogada também exige muita sintonia entre o levantador e o atacante.

Dois Tempos
Essa jogada é utilizada para evitar a formação de bloqueio. O atacante deve saltar antes que a bola saia da mão do levantador, para poder dar uma "paradinha" e chegar no tempo da bola. Essa "paradinha" dificulta a ação do bloqueio adversário.

Desmico
O atacante de meio salta como se fosse bater uma bola rápida. O jogador, que está na saída de rede, vem por trás e bate por cima da cabeça do atacante do meio. Nessa jogada, o deslocamento dos atacantes tem que ser rápido para dificultar o bloqueio.

Mão Aberta
O jogador de meio corre para a rede como se fosse bater uma "chutada". O atacante, da entrada de rede, vem por trás e bate na bola entre o levantador e o jogador do meio. Essa jogada também exige deslocamentos rápidos e sintonia entre os jogadores.

Vai e Volta
O atacante de saída ou entrada de rede corre como se fosse bater uma "desmico", ou seja, saltar por trás do jogador do meio. No meio do caminho, ele muda sua trajetória, para confundir o bloqueio adversário, e volta para a ponta da rede, onde recebe a bola e ataca.

Pode-se também estabelecer um tipo de comunicação sonora, utilizando-se os sons de apitos, assobios, buzinas etc. No trânsito, há um tipo de sinalização através de apitos; motoristas de caminhão também costumam usar o som da buzina como um código de comunicação nas estradas.

Todos esses códigos de comunicação, apesar da sua universalidade, são circunscritos a situações específicas; já o código verbal, que abrange um número muito maior de situações, é o mais utilizado no processo ensino/aprendizagem.

1.2 Finalidades da leitura

As finalidades da leitura mantêm estreita correlação com as suas diversas modalidades. Nem sempre se utiliza a leitura com o objetivo específico de adquirir conhecimentos. Neste particular, deve-se observar que a leitura pode ser casual, espontânea, quase um reflexo, como no caso dos anúncios, cartazes, *outdoors*. Pode-se buscar simplesmente o lazer ou o entretenimento, através da leitura de livros e revistas. Geralmente, observa-se certa diferença entre a maneira de se ler jornais, revistas e livros. Enquanto a leitura de jornais e revistas tende a ser mais rápida e superficial, quando se trata de um livro, mesmo que se busque apenas o lazer, a leitura, em geral, é mais atenta.

A leitura pode ter como finalidade a informação, sobre fatos ou notícias, com ou sem o objetivo da aquisição de conhecimentos. Faz-se, neste caso, a distinção entre leitura informativa, mais ligada à cultura geral e a formativa, relacionada com a aquisição ou ampliação de conhecimentos. Outra finalidade, não menos importante, é a distração, o entretenimento.

1.3 Modalidades de leitura

A leitura pode ser oral ou silenciosa; técnica e de informação; de estudo; de higiene mental e prazer (SALOMON, 1977, p. 59).

Nos antigos cursos primários, que correspondem à primeira etapa do primeiro grau atualmente, a leitura oral era sempre precedida da leitura silenciosa. Levando-se em conta que esta última é a modalidade mais utilizada no mundo moderno, justifica-se que deva ser treinada, desde os primeiros anos escolares. Contudo, não se pode relegar a leitura oral, que além de útil, é uma habilidade que, como tal, não dispensa o exercício, a prática. Tanto quanto é aborrecida uma leitura oral malfeita, é agradável a leitura feita com arte.

A leitura técnica, de relatórios ou obras de cunho científico, implica, muitas vezes, a habilidade de ler e interpretar tabelas e gráficos; a de informação, como já foi referido, acha-se ligada às finalidades da cultura geral. A leitura de higiene mental ou prazer tem por objetivo o lazer. A de estudo, que interessa mais de perto aos objetivos deste livro, visa à aquisição e ampliação de conhecimentos.

8 Introdução à Metodologia do Trabalho Científico • Andrade

Não se pode empregar a mesma técnica e a mesma velocidade para todas as modalidades de leitura. Não se lê um romance como um livro científico, um livro de álgebra como um manual de literatura.

Quanto à velocidade da leitura, convém notar que este é um fator relativo, que depende não só da sua modalidade ou finalidade, mas também do treinamento e até do temperamento do leitor.

As técnicas da chamada leitura dinâmica, que estiveram tão em moda há algum tempo, não se prestam para a leitura com finalidade de estudo. Podem, contudo, ser aplicadas na leitura de contato ou leitura prévia.

1.4 Fases da leitura informativa

A leitura de estudo é classificada por alguns autores, entre os quais Cervo e Bervian (1983, p. 85), como leitura informativa, cuja finalidade é a coleta de dados ou informações que serão utilizados na elaboração de um trabalho científico ou para responder a questões específicas. Segundo os autores citados, a leitura pode ter finalidade formativa, ligada à cultura geral, às notícias e informações genéricas; de distração ou lazer e informativa, sendo esta última a modalidade que prioriza a aquisição e ampliação de conhecimentos.

Observa-se, portanto, uma discrepância entre os termos aqui adotados, segundo os quais a leitura informativa tem por objetivo a informação, em sentido genérico, e a leitura de estudo ou formativa, visa, especificamente, à formação de uma bagagem cultural, através da aquisição e ampliação de conhecimentos.

Segundo Cervo e Bervian (1983, p. 85-9), as fases da leitura informativa ou de estudo são as seguintes:

a) *Leitura de reconhecimento ou pré-leitura* – a finalidade desta leitura é dar uma visão global do assunto, ao mesmo tempo que permite ao leitor verificar a existência ou não de informações úteis para o seu objetivo específico.

   Note-se que outros autores classificam essa fase como leitura prévia ou leitura de contato, visto que corresponde a uma leitura "por alto", apenas para tomar contato com o texto.

b) *Leitura seletiva* – seu objetivo é a seleção das informações que interessam à elaboração do trabalho em perspectiva.

c) *Leitura crítica ou reflexiva* – exige estudo, compreensão dos significados. A reflexão realiza-se através da análise, comparação, diferenciação e julgamento das ideias contidas no texto.

d) *Leitura interpretativa* – mais complexa, compreende três etapas:

1. procura-se saber o que realmente o autor afirma, quais os dados e informações que oferece;
2. correlacionam-se as afirmações do autor com os problemas para os quais se está procurando uma solução;
3. julga-se o material coletado, em função do critério de verdade.

Feita a análise e o julgamento, procede-se à síntese, isto é, à integração racional dos dados descobertos.

1.5 Tipos de análise de textos

Não se pretende aqui aprofundar o assunto, mas apenas indicar os diferentes enfoques aplicáveis à análise de textos.

Deixando-se de lado as diferentes definições de análise ou sua conceituação, e adotando-se um ponto de vista mais prático, podem-se apontar três tipos principais de análise:

a) *Análise textual* – leitura que tem por objetivo uma visão global, assinalando: estilo, vocabulário, fatos, doutrinas, época, autor, ou seja, um levantamento dos elementos importantes do texto.

b) *Análise temática* – apreensão do conteúdo ou tema, isto é, identificação da ideia central e das secundárias, processos de raciocínio, tipos de argumentação, problemas, enfim, um esquema do pensamento do autor.

c) *Análise interpretativa* – demonstração dos tipos de relações entre as ideias do autor em razão do contexto científico e filosófico de diferentes épocas; análise crítica ou avaliação; discussão e julgamento do conteúdo do texto (Gagliano, apud LAKATOS, 1992, p. 28).

2

Técnicas para a elaboração dos trabalhos de graduação

2.1 Técnica de sublinhar para esquematizar e resumir

Sublinhar é a técnica indispensável não só para elaborar esquemas e resumos, mas também para ressaltar as ideias importantes de um texto, com as finalidades de estudo, revisão ou memorização do assunto ou mesmo para utilizar em citações.

O requisito fundamental para aplicar a técnica de sublinhar é a compreensão do assunto, pois este é o único processo que possibilita a identificação das ideias principais e secundárias, permitindo fazer a seleção do que é indispensável e do que pode ser omitido, sem prejuízo do entendimento global do texto.

Há, porém, certas normas que devem ser obedecidas, para que a técnica de sublinhar produza resultados eficazes.

Não se deve sublinhar parágrafos ou frases inteiras, mas apenas palavras-chave, palavras nocionais ou, quando muito, grupos de palavras. Isto porque, ao sublinhar uma frase inteira, além de sobrecarregar a memória e o aspecto visual, corre-se o risco de, ao resumir, reproduzir-se as frases do autor, sem evidenciar as ideias principais, visto que o resumo deve ser uma condensação de ideias, não de frases ou palavras.

Deduz-se daí que a preocupação de usar o vocabulário próprio ou o vocabulário do autor é improcedente, pois não importam apenas as palavras, não se resumem apenas as palavras, mas as ideias contidas no texto.

12 Introdução à Metodologia do Trabalho Científico • Andrade

A técnica de sublinhar pode ser desenvolvida a partir dos seguintes procedimentos:

a) leitura integral do texto, para tomada de contato;

b) esclarecimento de dúvidas de vocabulário, termos técnicos e outras;

c) releitura do texto, para identificar as ideias principais;

d) ler e sublinhar, em cada parágrafo, as palavras que contêm a ideia-núcleo e os detalhes mais importantes;

e) assinalar com uma linha vertical, à margem do texto, os tópicos mais importantes;

f) assinalar, à margem do texto, com um ponto de interrogação, os casos de discordâncias, as passagens obscuras, os argumentos discutíveis;

g) ler o que foi sublinhado, para verificar se há sentido;

h) reconstruir o texto, em forma de esquema ou de resumo, tomando as palavras sublinhadas como base.

Para se obter maior funcionalidade das anotações, são oferecidas as sugestões a seguir, que podem, evidentemente, sofrer variações e adaptações pessoais:

- sublinhar com lápis preto macio, para não danificar o texto;
- sublinhar com dois traços as ideias principais e com um traço as secundárias;
- dependendo do gosto pessoal, usa-se caneta hidrocor, em várias cores, podendo-se estabelecer um código particular:
  - vermelho (ou verde) = ideias principais;
  - azul (ou amarelo) = detalhes mais importantes;
- as anotações à margem do texto podem ser feitas com um traço vertical para trechos importantes e dois traços verticais para os importantíssimos.

O indispensável é sublinhar apenas o estritamente necessário, evitando-se o acúmulo de anotações que, além de causar mau aspecto, em vez de facilitar o trabalho do leitor, dificulta e gera confusão.

É muito útil, no final do trabalho, fazer uma leitura comparando-se o texto original com o que foi sublinhado (ANDRADE; HENRIQUES, 1992, p. 50-1).

2.2 Elaboração de esquemas

O esquema corresponde, grosso modo, a uma radiografia do texto, pois nele aparece apenas o "esqueleto", ou seja, as palavras-chave, sem necessidade de se apresentar frases redigidas.

Utiliza-se o esquema como trabalho preparatório do resumo, para explicar, mais concretamente, determinadas ideias ou para memorizar mais facilmente o conteúdo integral de um texto.

Para elaborar o esquema usam-se setas, linhas retas ou curvas, círculos, colchetes, chaves, símbolos diversos, prevalecendo o gosto pessoal do autor.

Um esquema pode ser montado em linha vertical ou horizontal, pois o importante é que nele apareçam as palavras que contêm as ideias principais, de forma clara, compreensível. As setas, por exemplo, são usadas quando há relação entre a palavra (ideia) do ponto de partida e as palavras (ideias) que são apontadas. Chaves são usadas para ordenar diversos itens etc.

Segundo Salomon (1977, p. 85):

"Um esquema, para que seja realmente útil, deve ter as seguintes características:

1. *Fidelidade ao texto original*: **deve conter as ideias do autor, sem alteração, mesmo quando se usarem as próprias palavras para reproduzir as do autor. Por isso, em alguns momentos, é preciso transcrever e citar a página.**

2. *Estrutura lógica do assunto*: **de posse da ideia principal, dos detalhes importantes, é possível elaborar uma organização dessas ideias a partir das mais importantes para as consequentes. No esquema, haverá lugar para os devidos destaques.**

3. *Adequação ao assunto estudado e funcionalidade*: **o esquema útil é flexível. Adapta-se ao tipo de matéria que se estuda. Assunto mais profundo, mais rico de informações e detalhes importantes possibilitará uma forma de esquema com maiores indicações. Assunto menos profundo, mais simples, terá no esquema apenas indicações-chave. É diferente um esquema em função de revisão para exame e outro em função de uma aula a ser dada!**

4. *Utilidade de seu emprego*: **consequência da característica anterior: o esquema deve ajudar e não atrapalhar. Tratando-se de esquema em função do estudo, deve ser feito de tal modo que facilite a revisão. É instrumento de trabalho. Deve facilitar a consulta no texto, quando necessário. Daí explicitar páginas, relacionamento de partes do texto etc.**

5. *Cunho pessoal*: **cada um faz o esquema de acordo com suas tendências, hábitos, recursos e experiências pessoais. Por isso é que um esquema de uma pessoa raramente é útil para outra. Uns preferem o esquema rigidamente lógico, outros o cronológico, ou o psicológico,**

na disposição das ideias. Alguns usam recursos gráficos, de visualização da imagem mental (tinta de cor, desenhos, símbolos etc.); já outros preferem empregar só palavras."

A título de exemplificação, o autor citado apresenta o esquema do trecho acima:

"ESQUEMA

CARACTERÍSTICAS DE UM ESQUEMA ÚTIL

1. *Flexibilidade*: o esquema é que deve adaptar-se à realidade e não esta ao esquema.

2. *Fidelidade ao original*: esquematizar não é deturpar, mas sintetizar.

3. *Estrutura lógica do assunto*: organiza-se pelo esquema a relação da ideia importante e seu desenvolvimento.

4. *Adequação ao assunto estudado*: mesmo que funcionalidade.

5. *Utilidade de emprego*: o esquema tem por objetivo auxiliar a captação do conjunto e servir para comunicar algo.

6. *Cunho Pessoal*: o esquema traduz atitudes e modo de agir de cada um – varia de pessoa para pessoa" (SALOMON, 1977, p. 88).

Exemplo de parágrafo esquematizado:

"São quatro as atividades principais dos especialistas em comunicação: detecção prévia do meio ambiente, correlação das partes da sociedade na reação a esse meio, transmissão da herança social de uma geração para a seguinte e entretenimento. A detecção prévia consiste na coleta e distribuição de informações sobre os acontecimentos do meio ambiente, tanto fora como dentro de qualquer sociedade particular. Até certo ponto, isso corresponde ao que é conhecido como manipulação de *notícias*. Os atos de correlação, aqui, incluem a interpretação das informações sobre o meio ambiente e a orientação da conduta em reação a esses acontecimentos. Em geral, essa atividade é popularmente classificada como *editorial*, ou *propaganda.* A transmissão de cultura se faz através da comunicação das informações, dos valores e normas sociais de uma geração a outra ou de membros de um grupo a outros recém-chegados. Comumente, é identificada como atividade *educacional*. Por fim, o entretenimento compreende os atos comunicativos com intenção de *distração*, sem qualquer preocupação com os efeitos instrumentais que eles possam ter" (Wright, apud SOARES; CAMPOS, 1978, p. 120).

Uma das maneiras possíveis de esquematizar o parágrafo anterior é a seguinte:

Atividades dos especialistas em comunicação:

- **detecção do meio ambiente** _____ **coleta e distribuição de informações = notícias**

- **correlação das partes da sociedade/** _____ **interpretação das informações reação a esse meio = editorial/propaganda**

- **transmissão de cultura** _____ **comunicação das informações = atividade educacional**

- **entretenimento** _____**atos comunicativos = distração**

Tomando-se por base as palavras sublinhadas que compõem o esquema, elabora-se um resumo do texto. A redação do resumo consiste em organizar frases com as palavras do esquema:

São atividades dos especialistas em comunicação: detecção prévia do meio ambiente, que consiste na coleta e distribuição das informações, ou manipulação de notícias. Correlação das partes da sociedade na reação ao meio, que inclui a interpretação das informações, pelo editorial e propaganda. A transmissão da cultura, que se faz através da comunicação das informações, identificada como atividade educacional. O entretenimento, que se realiza pelos atos comunicativos, e que procura apenas a distração.

Há várias maneiras de elaborar o resumo de um texto, com maior ou menor número de informações acerca de seu conteúdo.

Um texto de duzentas ou trezentas páginas pode ser resumido em cinco, dez, quinze ou trinta linhas; em três ou dez páginas, dependendo da finalidade ou dos objetivos do resumo.

2.3 Tipos de resumo

Há vários tipos de resumo e cada um apresenta características específicas, de acordo com suas finalidades:

a) *Resumo descritivo ou indicativo*: nesse tipo de resumo descrevem-se os principais tópicos do texto original, e indicam-se sucintamente seus conteúdos. Portanto, não dispensa a leitura do texto original para a compreensão do assunto.

Quanto à extensão, não deve ultrapassar quinze ou vinte linhas; utilizam-se frases curtas que, geralmente, correspondem a cada elemento fundamental do texto; porém, o resumo descritivo não deve limitar-se à enumeração pura e simples das partes do trabalho.

b) *Resumo informativo ou analítico*: é o tipo de resumo que reduz o texto a 1/3 ou 1/4 do original, abolindo-se gráficos, citações, exemplificações abundantes, mantendo-se, porém, as ideias principais. Não são permitidas as opiniões pessoais do autor do resumo. O resumo informativo, que é o mais solicitado nos cursos de graduação, deve dispensar a leitura do texto original para o conhecimento do assunto.

c) *Resumo crítico*: consiste na condensação do texto original a 1/3 ou 1/4 de sua extensão, mantendo as ideias fundamentais, mas permite opiniões e comentários do autor do resumo. Tal como o resumo informativo, dispensa a leitura do original para a compreensão do assunto.

d) *Resenha*: é um tipo de resumo crítico; contudo, mais abrangente. Além de reduzir o texto, permitir opiniões e comentários, inclui julgamentos de valor, tais como comparações com outras obras da mesma área do conhecimento, a relevância da obra em relação às outras do mesmo gênero etc.

e) *Sinopse* (em inglês, *synopsis* ou *summary*; em francês, *résumé d'auteur*): neste tipo de resumo indicam-se o tema ou assunto da obra e suas partes principais. Trata-se de um resumo bem curto, elaborado apenas pelo autor da obra ou por seus editores.

Salomon (1977, p. 176-7) indica a maneira certa e a errada de elaborar uma sinopse:

"Ensaios de acumuladores elétricos do tipo ácido-chumbo.

João William MEREGE

Errado:

Como introdução ao seu trabalho o autor dá definição dos termos usados de acordo com as especificações brasileiras recomendadas pela ABNT (Associação Brasileira de Normas Técnicas), enumera os aparelhos a serem usados e explica o tratamento prévio necessário ao êxito nos ensaios.

Explica, com pormenores, as fases dos ensaios parciais e apresenta vários gráficos e tabelas dos resultados obtidos. Expõe também a diferença entre os métodos S.A.E. (*Society of Automotive Engineers*) e os da ABNT, usados nos ensaios.

Certo:

Definição dos termos usados, de acordo com as especificações da ABNT. Aparelhos usados e tratamento prévio necessário ao êxito dos ensaios. Fases dos ensaios parciais: determinação da tensão final de carga, da f. e m., da capacidade em A-h e W-h, dos rendimentos. Gráficos e tabelas dos resultados obtidos. Diferença entre os métodos da S.A.E. e da ABNT."

Observe-se a linguagem objetiva, concisa, as frases curtas do exemplo certo. Com menos palavras, o modelo certo oferece muito mais informações.

2.4 Redação de resumos: parágrafos e capítulos

A técnica de resumir difere, no modo de redigir, quando se trata de um texto curto ou de uma obra inteira. Por texto curto compreende-se o que consta de um parágrafo a um capítulo, embora esta não seja uma classificação rígida.

Parágrafos e capítulos podem ser resumidos aplicando-se a técnica de sublinhar e redigindo-se o resumo pela organização de frases, baseadas nas palavras sublinhadas. Este sistema não constitui regra absoluta, mas tem a vantagem de manter a ordem das ideias e fatos e propiciar a indispensável fidelidade ao texto.

Usar vocabulário próprio ou do autor não é questão relevante, desde que o resumo apresente as principais ideias do texto, de forma condensada.

Um texto mais complexo resume-se com mais facilidade se preliminarmente for elaborado um esquema com as palavras sublinhadas.

Não se admitem acréscimos ou comentários ao texto, mas as opiniões e pontos de vista do autor (do original) devem ser respeitados.

Nos textos bem estruturados, cada parágrafo corresponde a uma só ideia principal. Todavia, alguns autores são repetitivos e usam palavras diferentes, que contêm as mesmas ideias, em mais de um parágrafo, por questões didáticas ou de estilo. Neste caso, os parágrafos reiterativos devem ser reduzidos a um apenas.

Exemplos de resumo:

a) Resumo que não se prende fielmente às palavras sublinhadas:

"Na psicanálise freudiana muito comportamento criador, especialmente nas artes, é substituto e continuação do folguedo da infância. Como a criança se exprime em jogos e fantasias, o adulto criativo o faz escrevendo ou, conforme o caso, pintando. Além disso, muito do material de que ele se vale para resolver seu conflito inconsciente, material que se torna substância de sua produção criadora, tende a ser obtido das experiências da infância. Assim, um evento comum pode impressioná-lo de tal modo que desperte a

lembrança de alguma experiência anterior. Essa lembrança por sua vez promove um desejo, que se realiza no escrever ou no pintar. A <u>relação</u> da <u>criatividade</u> com o <u>folguedo infantil</u> atinge máxima clareza, talvez, no <u>prazer</u> que a <u>pessoa criativa</u> manifesta em jogar com ideias, livremente, em seu hábito de <u>explorar ideias e situações pela simples alegria de ver aonde elas podem levar</u>" (KNELLER, 1976, p. 42-3).

Resumo:

Na concepção freudiana, a criatividade dos artistas é substitutivo das brincadeiras infantis. A criança se expressa através de jogos e da fantasia, o adulto o faz através da literatura ou da pintura, inspirando-se em suas experiências da infância. Essa relação é confirmada pelo prazer que a pessoa criativa sente em explorar ideias e situações apenas pela alegria de ver aonde elas podem chegar.

b) Resumo baseado nas palavras sublinhadas:

"<u>Vivemos</u> num <u>ambiente formado</u> e, em grande proporção, criado por <u>influências semânticas</u> sem paralelo no passado: <u>circulação em massa, de jornais e revistas</u> que só fazem <u>refletir</u>, num espantoso número de casos, os <u>preconceitos</u> e as <u>obsessões</u> de seus <u>redatores e proprietários; programas de rádio</u>, tanto locais como em cadeia, quase inteiramente <u>dominados</u> por <u>motivos comerciais</u>; conselheiros de <u>relações públicas</u>, que não são mais que artífices, regiamente pagos, para <u>manipular</u> e remodelar o nosso <u>ambiente semântico</u> de um modo <u>favorável</u> a seu <u>cliente</u>. É um <u>ambiente excitante</u>, mas <u>cheio de perigos</u>, sendo apenas um pequeno exagero dizer que foi pelo rádio que Hitler conquistou a Áustria. Os <u>cidadãos</u> de uma <u>sociedade moderna precisam</u>, em consequência, de algo mais do que simples 'senso comum', recentemente definido por Stuart Chase como 'aquilo que nos diz que o mundo é plano'. Precisam, esses cidadãos, de <u>ficar cientificamente conscientes do poder</u> e das <u>limitações dos símbolos</u>, especialmente das palavras, se é que desejam <u>evitar</u> ser levados à mais completa <u>confusão</u>, mediante a complexidade do seu <u>ambiente semântico</u>. Assim, pois, o primeiro dos <u>princípios</u> que <u>governam os símbolos</u> é este: <u>O símbolo *não* é a coisa simbolizada; a palavra *não* é a coisa; o mapa *não* é o território que ele representa</u>" (HAYAKAWA, 1972, p. 20-1).

Resumo:

Vivemos num ambiente formado por influências semânticas: circulação em massa de jornais e revistas que refletem os preconceitos e obsessões de seus redatores e proprietários; o rádio, dominado por motivos comerciais; os relações públicas, pagos para manipular o ambiente a favor de seus clientes. É um ambiente excitante, mas cheio de perigos. Os cidadãos de uma sociedade moderna precisam ficar conscientes do poder e das limitações dos símbolos, a fim de evitar confusão ante a complexidade de seu ambiente semântico. O primeiro princípio que governa os símbolos é este: o símbolo não é a coisa simbolizada; a palavra não é a coisa; o mapa não é o território que representa.

É muito importante que o aluno de graduação exercite bastante a técnica de resumir parágrafos, pois quem sabe resumir um parágrafo, saberá resumir um capítulo. Quem resume capítulos, com um pouco mais de prática das técnicas adequadas, saberá resumir uma obra inteira.

Os parágrafos para resumir podem abordar assuntos variados, procurando-se, sempre que possível, levar em consideração os conteúdos programáticos específicos de cada curso.

Exemplos de parágrafos para resumir:

1.

"Naturalmente, a <u>educação</u> tem de ser tanto <u>informativa</u> quanto <u>diretiva</u>. Não podemos simplesmente <u>ministrar informação sem</u> ao mesmo tempo <u>transmitir</u> aos estudantes algumas 'aspirações', 'ideais' e 'objetivos', a fim de que eles saibam o que fazer com a informação que receberem. Lembremo-nos, porém, que é também muito <u>importante apresentar</u>-lhes não apenas <u>ideais</u> destituídos de alguma <u>informação real</u> sobre a qual agir; à falta dessa informação, não lhes será nem ao menos possível usufruir desses ideais. <u>A informação sem</u> as <u>diretivas</u>, insistem corretamente os estudantes, é '<u>seca como pó</u>'. Mas as <u>diretivas, sem</u> a <u>informação</u>, gravadas na memória mercê de frequentes repetições, só produzem orientações intencionais que os <u>incapacitam para as realidades da vida</u>, deixando-os indefesos contra o choque e o cinismo dos anos subsequentes" (HAYAKAWA,1972, p. 210).

2.

"Marx retoma de Hegel a concepção dialética da realidade, ou seja, a afirmação de que a realidade vai se produzindo permanentemente mediante um processo de mudança determinado pela luta dos contrários, por força da contradição que trabalha o real, no seu próprio interior. Era a recuperação da temporalidade real, da historicidade, dimensão perdida desde o predomínio da filosofia grega sobre a visão judaica. Assim, a filosofia marxista, em continuidade com a filosofia hegeliana, concebe a realidade como se constituindo num processo histórico que, ao se efetivar, vai efetivando o próprio tempo, num processo criador. E este processo criador que ocorre por força da luta provocada pelas contradições que trabalham internamente a realidade é um processo dialético, de posição, negação e superação, de acordo com a tríade hegeliana da tese-antítese-síntese" (SEVERI-NO, 1986, p. 5).

3.

"Como se sabe, cada texto abre a perspectiva de uma multiplicidade de interpretações ou leituras: se, conforme se disse, as intenções do emissor podem ser as mais variadas, não teria sentido a pretensão de se lhe atribuir apenas **uma** interpretação, única e verdadeira. A intelecção de um texto consiste na apreensão de suas significações possíveis, as quais se representam nele, em grande parte, por meio de **marcas** linguísticas. Tais marcas funcionam como pistas dadas ao leitor para permitir-lhe uma decodificação adequada: a estrutura da significação, em língua natural, pode ser definida como o conjunto de relações que se instituem na **atividade da linguagem** entre os indivíduos que a utilizam, atividade esta que se inscreve sistematicamente no interior da própria língua" (KOCH, 1993, p. 161).

4.

"É certo que a teoria analítica da linguagem não tem o rigor exemplar próprio das teorias formalizadas ou matemáticas que coroam a linguística moderna. É certo também que os linguistas se interessam pouco pelo que a psicanálise descobre no funcionamento linguístico, e aliás, não vemos bem como é que pode ser possível conciliar as formalizações do estruturalismo americano e da gramática generativa, por exemplo, com as leis do funcionamento linguístico tais como a psicanálise moderna as formula depois de Freud. É evidente que são duas tendências contraditórias ou pelo menos *divergentes* na concepção da linguagem. Freud não é linguista e o objeto da 'linguagem' que ele estuda não coincide com o sistema formal que a linguística aborda e de que conseguimos destacar a abstração lenta e laboriosa através da história. Mas a diferença entre a abordagem psicanalítica da linguagem e a linguística moderna é mais profunda do que uma mudança do volume do *objecto*. É a *concepção geral* da linguagem que difere radicalmente na psicanálise e na linguística" (KRISTEVA, 1980, p. 315).

5.

"Quando um bebê nasce, a primeira coisa que todo mundo quer saber é o sexo. Nos primeiros dias de vida a diferença parece mais anatômica, mas à medida em que vai crescendo, o bebê começa a se comportar como menino ou menina. Um problema controvertido é saber até que ponto esse comportamento tem base biológica ou é uma questão de aprendizado. Algumas feministas insistem em dizer que todas as diferenças comportamentais são ensinadas e que, deixando-se de lado as discrepâncias biológicas evidentes, a mulher é igual ao homem. Outros dizem que homem é homem e que mulher é mulher e é por razões biológicas que os dois sexos se parecem, se comportam e até mesmo se movimentam de modo diferente. Os entendidos em cinética têm levantado um certo número de provas que reforçam os argumentos das feministas" (DAVIS, 979, p. 23).

6.

"Os idiomas, em certo sentido, fazem pensar na formação de nebulosas. Um núcleo central mais definido e em torno dele uma imensa massa luminosa, reforma irregular. Uma nebulosa em que o próprio núcleo central não dispusesse de muita consistência, nem de fixidez demorada, mas que ainda assim se apresentasse mais densa que os bordos caprichosos e esgarçados. Este núcleo central é a estrutura do idioma, as palavras baluartes, os números, os determinativos, os pronomes, as preposições e conjunções – morfemas e palavras gramaticais. Em torno desse núcleo, o vocabulário supérfluo, de adorno ou estilístico, as expressões profissionais e especiais. Mais longe, nos bordos da figura da nebulosa, os provincianismos, os modismos, a colaboração de cada pessoa para a vida e a evolução do idioma" (LIMA SOBRINHO, 1977, p. 69).

7.

"Houve tempo em que se poderia defender a ideia de que uma pesquisa científica era coisa de gênio, portanto algo excepcional e fora de qualquer restrição de planejamento. Hoje não é mais possível defender essa ideia, nem para a pesquisa científica e, muito menos, para a tecnológica. Sabe-se que, na história da Técnica, intervêm comumente as 'invenções' empreendidas por leigos e curiosos. Depois do estabelecimento da Tecnologia, essas 'invenções' tornam-se cada vez mais raras, dando lugar às 'descobertas', feitas por meio de pesquisas organizadas. Assim, tornou-se indispensável um plano de pesquisa que se constitua como programação dos trabalhos a serem realizados durante a pesquisa. Agora o trabalho não é mais simplesmente mental, como na fase anterior da escolha, compreensão e conhecimento. É necessário, agora, escrever um 'Plano de Pesquisa' para fixá-lo e torná-lo independente da memória" (VARGAS, 1985, p. 202).

8.

"Nesse livro [**A origem das espécies**] o método de pesquisa utilizado por Darwin esclarece-se. Ele parte da observação da variação das espécies de animais domesticados e das plantas cultivadas cuja variabilidade é muito maior do que a que se observa no estado selvagem. Isto porque a seleção feita pelo homem é muito controlada e eficiente e de efeitos acumulados. Pode-se, assim, observar nitidamente que, numa espécie dada as crias não são jamais nem idênticas entre si nem aos seus pais. Há sempre uma diferença entre os indivíduos. Isto é um fato que pode dever à indução de uma 'lei geral': a lei da variabilidade. Entretanto, é, também, um fato notável que as singularidades inatas dos indivíduos são transmitidas por hereditariedade aos seus descendentes. Assim um criador pode preservar ou acentuar tais singularidades por acasalamentos efetuados artificialmente. Também desse fato se pode induzir uma 'lei da hereditariedade'. Há, portanto, uma evolução nas raças dos animais domésticos e plantas cultivadas baseada numa relação artificialmente dirigida pelo homem" (VARGAS, 1985, p. 63-4).

9.

"Ninguém desconhece o sacrifício da quase totalidade de nossos acadêmicos, que vão para suas escolas após uma jornada de oito horas ou mais de trabalho profissional. Se isso é sumamente louvável, não o exime, por outro lado, do compromisso de estudar e, portanto, de descobrir tempo para estudar. É preciso descobrir tempo. Tempo para frequentar as aulas dos diversos cursos, e tempo para estudos particulares. Se procurarmos, o tempo aparecerá. E lembremo-nos de que meia hora por dia representa três horas e meia por semana, quinze horas por mês e cento e oitenta horas por ano. E quem não conseguiria descobrir um ou mais espaços de meia hora em sua jornada? Ou quem não conseguiria fazer aparecerem esses espaços, se o quisesse realmente? Ou será que esses espaços não aparecem porque nós não os procuramos, por medo de encontrá-los? Quem quer descobre tempo, cria tempo, especialmente nós, brasileiros, que somos, por assim dizer, capazes do impossível" (RUIZ, 1991, p. 22).

10.

"De fato, as descobertas da Física no século XX têm surpreendido a todos, revelando as limitações da linguagem científica e levando a uma profunda reflexão e revisão da concepção humana acerca do universo. A teoria quântica e a relatividade geral conduzem a uma visão do mundo bastante próxima às visões dos místicos orientais. O caráter essencialmente empírico do conhecimento místico parece ser o elemento fundamental para estabelecer-se o paralelo com o conhecimento científico. As soluções, em termos de linguagem, encontradas pelos místicos podem fornecer uma moldura filosófica consistente para as modernas teorias científicas que, expressas numa rígida e sofisticada linguagem matemática, parecem ter perdido toda relação com as nossas experiências sensoriais. No misticismo oriental sempre fica clara a limitação da linguagem e da lógica. As interpretações verbais da realidade são imprecisas e contraditórias. A teoria quântica e a relatividade apontam na mesma direção: a realidade transcende a lógica clássica" (SZPIGEL, 1990, p. 2).

2.5 Redação de resumos de livros

O resumo de textos mais longos ou de livros inteiros, evidentemente, não poderá ser feito parágrafo por parágrafo, ou mesmo capítulo por capítulo, a partir do que foi sublinhado. Neste caso, o aluno deve adotar os seguintes procedimentos:

a) leitura integral do texto, para conhecimento do assunto;

b) aplicar a técnica de sublinhar, para ressaltar as ideias importantes e os detalhes relevantes, em cada capítulo;

c) reestruturar o plano de redação do autor, valendo-se, para isto, do índice ou sumário, isto é, identificar, pelo sumário, as principais PARTES do livro; em cada parte, os CAPÍTULOS, os títulos e subtítulos. De posse desses elementos, elaborar um plano ou esquema de redação do resumo;

d) tomar por base o esquema ou plano de redação, para fazer um rascunho, resumindo por capítulos ou por partes;

e) concluído o rascunho, fazer uma leitura, para verificar se há possibilidade de resumir mais, ou se não houve omissão de algum elemento importante. Refazer a redação, com as alterações necessárias, e transcrever em fichas, segundo as normas de fichamentos.

Nesse tipo de resumo, a técnica de sublinhar é útil para ressaltar as ideias principais do texto, mas, como a redação não pode ser feita a partir do que foi sublinhado, é preciso sintetizar, procurar no sublinhado apenas o indispensável à compreensão global do assunto.

Nem sempre há necessidade de manter todos os títulos e subtítulos; a natureza da obra, do processo de raciocínio do autor e de sua forma de argumentação é que apontarão a necessidade de se conservar ou não a divisão do livro em partes e capítulos.

É indispensável considerar o resumo como uma recriação do texto, uma nova elaboração, isto é, uma nova forma de redação que utiliza as ideias do original.

Segundo Andrade (1992, p. 53), o resumo bem elaborado deve obedecer aos seguintes itens:

1. apresentar, de maneira sucinta, o assunto da obra;

2. não apresentar juízos críticos ou comentários pessoais;

3. respeitar a ordem das ideias e fatos apresentados;

4. empregar linguagem clara e objetiva;

5. evitar a transcrição de frases do original;

6. apontar as conclusões do autor;

7. dispensar a consulta ao original para a compreensão do assunto.

3

▲ Técnicas de pesquisa bibliográfica

A pesquisa bibliográfica é habilidade fundamental nos cursos de graduação, uma vez que constitui o primeiro passo para todas as atividades acadêmicas. Uma pesquisa de laboratório ou de campo implica, necessariamente, a pesquisa bibliográfica preliminar. Seminários, painéis, debates, resumos críticos, monografias não dispensam a pesquisa bibliográfica. Ela é obrigatória nas pesquisas exploratórias, na delimitação do tema de um trabalho ou pesquisa, no desenvolvimento do assunto, nas citações, na apresentação das conclusões. Portanto, se é verdade que nem todos os alunos realizarão pesquisas de laboratório ou de campo, não é menos verdadeiro que todos, sem exceção, para elaborar os diversos trabalhos solicitados, deverão empreender pesquisas bibliográficas.

3.1 O uso da biblioteca: fontes bibliográficas

Muitas vezes, o aluno calouro vive uma situação extremamente embaraçosa: recebe do professor o tema para elaborar um trabalho, mas não tem ideia de como fazê-lo ou até mesmo de como obter dados bibliográficos indispensáveis para a realização da tarefa.

Para solucionar esse problema, é útil sugerir aos alunos uma visita de contato com a biblioteca da Faculdade e com outra, em seu bairro ou no caminho de casa para as aulas. Os alunos deverão procurar conhecer a bibliotecária, mesmo no caso de bibliotecas informatizadas, pois ela pode dar informações valiosas, e também localizar os três fichários básicos que toda biblioteca oferece:

26 Introdução à Metodologia do Trabalho Científico • Andrade

- fichário de autores;
- fichário de títulos (ou de obras);
- fichário de assuntos.

As fichas de autores são organizadas por ordem alfabética do último sobrenome, quando não expressam grau de parentesco. Por exemplo: SERAFIM DA SILVA NETO – deve ser procurado como SILVA NETO; JOAQUIM MATTOSO CÂMARA JÚNIOR, deverá estar em CÂMARA JR., embora algumas bibliotecas classifiquem como MATTOSO CÂMARA, FRANCISCO DE ASSIS BORBA, procura-se como BORBA, e assim por diante. Deduz-se que, ao não encontrar um autor com mais de um sobrenome pelo último, deve-se procurar pelo penúltimo. Lembrar que não se separam sobrenomes compostos, tais como Sant'Ana, Espírito Santo e outros, inclusive os ligados por hífen.

Nos títulos das obras não se considera o artigo. Por exemplo: *O empalhador de passarinho*, de Mário de Andrade, deve ser procurado no E = Empalhador de passarinho (O).

O fichário de assunto pode ser de grande valia, principalmente quando não se tem a indicação de uma bibliografia específica para determinado trabalho. Neste caso, pelo assunto pode-se obter a indicação das obras ou dos autores para organizar uma lista de consulta bibliográfica.

Nas bibliotecas municipais, o aluno encontra um acervo maior ou menor, de caráter geral; já nas faculdades, além da biblioteca central, que apresenta obras do interesse de várias disciplinas, encontram-se também bibliotecas especializadas em determinadas áreas do conhecimento: Biblioteca de Economia, Biblioteca de Administração, Biblioteca de Tecnologia etc.

Além dos fichários de cartão, na maioria das bibliotecas públicas já existem terminais de sistemas automatizados de consulta, mediante a digitação do nome do autor, título da obra ou assunto. Os terminais podem estar conectados a bancos de dados ou redes de informações e dar acesso, pelo próprio consulente ou pela intervenção da bibliotecária, aos acervos integrados ao sistema informatizado.

Os serviços disponíveis abrangem a *consulta* (utilização da obra na própria biblioteca), em*préstimo* de livros, segundo normas fixadas pela direção da biblioteca e empréstimo de publicações entre bibliotecas, quando o acervo não dispõe das obras solicitadas.

Há um Programa de Comutação Bibliográfica (Comut) com a finalidade de promover intercâmbio entre bibliotecas. As bibliotecas que participam do Programa providenciam cópias de artigos dos periódicos que não possuem em seu acervo, mediante pagamento do serviço.

O Sistema de Bibliotecas da USP (SIBI) atende no local ou por telefone e localiza livros e periódicos nas bibliotecas que participam do sistema. O endereço é:

Prédio da Antiga Reitoria

Cidade Universitária

São Paulo (SP)

Telefone 3091-3222 – ramais 2179, 2721 e 2714

O Catálogo Coletivo da USP pode ser consultado pelos telefones:

3091-4193 – 3091-4195 e 3091-4197

Para estimular a tomada de contato com a biblioteca, sugere-se a seguinte atividade:

Cada aluno deverá localizar em uma biblioteca, que não a da sua faculdade, os três fichários básicos (autores, obras e assuntos) e copiar duas fichas de cada um deles.

3.2 Identificação das fontes

Chegando-se a uma biblioteca, como identificar as fontes bibliográficas indispensáveis para a elaboração de um trabalho? Procurando nos fichários (de assuntos, de obras e de autores), nos catálogos gerais e nos específicos. Geralmente, revistas e periódicos trazem uma lista das obras publicadas em determinadas áreas; editoras publicam catálogos de livros e revistas; anais, revistas, anuários trazem, quase sempre, além da lista de obras publicadas, *abstracts*, que é um tipo de resumo curto, descritivo. Pelo *abstract* identifica-se o assunto e as partes principais da obra.

A identificação das fontes bibliográficas pode ser iniciada pela consulta de obras que propiciam informações gerais sobre o assunto: enciclopédias, manuais, dicionários especializados etc. Essas obras indicarão outras, que abordam o assunto de maneira mais específica e abrangente. Se houver necessidade de atualizar as informações, as obras de publicação mais recente, os artigos de revistas e outras publicações especializadas deverão ser consultados.

As fontes bibliográficas compreendem diversos tipos de documentos:

a) documentos manuscritos (códices, apógrafos, autógrafos);

b) documentos impressos: livros, revistas, jornais, folhetos, catálogos, boletins, anuários, textos legais, processos, pareceres, correspondência publicada etc.;

c) documentos mimeografados, xerocopiados, microfilmes, que reproduzem outros documentos; gravações de áudio e vídeo;

d) mapas, esboços, plantas, desenhos, cartazes, documentos cartográficos, fotográficos etc.

3.3 Classificação das fontes

Segundo Gil (1988, p. 62-5), classificam-se as fontes bibliográficas em:

- *livros de leitura corrente*: obras de literatura, em seus diversos gêneros (romance, poesia, teatro etc.); obras de divulgação, que podem ser científicas, técnicas e de vulgarização. As científicas e técnicas utilizam linguagem própria da Ciência e destinam-se aos especialistas de cada área. As de vulgarização destinam-se ao público não especializado na matéria;
- *livros de referência*: dicionários, enciclopédias e anuários são as principais obras de referência informativa. Os de referência remissiva são os catálogos das grandes bibliotecas e editoras, os boletins e jornais especializados;
- *periódicos*: as principais publicações periódicas são os jornais e revistas, de grande utilidade para a atualização das informações. As revistas costumam publicar resenhas, que representam uma forma de estar em dia com publicações recentes de cada área do conhecimento;
- *impressos diversos*: além de livros, jornais e revistas, encontram-se nas bibliotecas publicações do governo, boletins informativos de empresas ou de institutos de pesquisa, estatutos de entidades diversas etc.

Ao tratar do assunto, Spina (1974, p. 12) acrescenta à classificação:

- *obras de estudo*: tratados, manuais, textos, compêndios, monografias, teses, ensaios, conferências, antologias, seleções, dissertações etc.

Todos os documentos bibliográficos constituem-se em fontes primárias ou secundárias.

3.4 Fontes primárias e secundárias

Fontes primárias são constituídas por obras ou textos originais, material ainda não trabalhado, sobre determinado assunto. As fontes primárias, pela sua relevância, dão origem a outras obras, que vão formar uma literatura ampla sobre aquele determinado assunto.

São consideradas fontes primárias os documentos fotográficos, recursos audiovisuais, tais como programas radiofônicos ou televisivos, desenhos, pinturas, músicas, esculturas e objetos de arte, em geral.

Entre as fontes primárias, incluem-se também os documentos constantes dos arquivos públicos e parlamentares, dados estatísticos, autobiografias e diários, relatos de viagens e de visitas a instituições etc.

Traduções, antologias e resenhas, por mais completas e bem-feitas que sejam, não são consideradas fontes primárias.

As fontes primárias englobam as obras que ainda não foram analisadas ou interpretadas e constituem o subsídio das pesquisas documentais.

As fontes secundárias referem-se a determinadas fontes primárias, isto é, são constituídas pela literatura originada de determinadas fontes primárias e constituem-se em fontes das pesquisas bibliográficas.

Bibliografia, portanto, é o conjunto de obras escritas para esclarecer fontes primárias, analisá-las, divulgá-las ou estabelecê-las.

Assim sendo, a diferença fundamental entre fonte primária e secundária consiste em que as fontes primárias são constituídas de textos originais, com informações de primeira mão; as fontes secundárias constituem-se da literatura a respeito de fontes primárias, isto é, de obras que interpretam e analisam fontes primárias.

No que diz respeito às fontes bibliográficas, ocorre que a mesma obra, considerada fonte para determinado assunto, pode ser secundária para outro. Segundo Ruiz (1991, p. 58), as obras de Platão e de Santo Agostinho serão fontes para o tema "Influências da concepção platônica sobre a origem das ideias, na teoria agostiniana da ciência divina"; contudo, serão classificadas como bibliografia (ou fontes secundárias, ou obras de consulta) para o tema "Fundamento racional da ética", isto porque, quando se procede a um levantamento bibliográfico, além das obras que oferecem os subsídios para o assunto tratado, ou fontes, são consultadas outras, que a ele se referem, a fim de proporcionar esclarecimentos mais amplos ou embasamento teórico do trabalho.

Embora muitos autores façam distinção entre fontes primárias e secundárias, Spina (1974, p. 11) ensina:

> (...) o termo fonte pode ser empregado com a acepção genérica, compreendendo desde os documentos originais, as obras de fundo, até a página de um almanaque (fontes gráficas); a natureza, a sociedade, o homem, podem ser fontes (diretas) de conhecimento, chamadas por isso *fontes de observação*. (...)

O mais importante, porém, é identificar fontes fidedignas, confiáveis, de autores renomados e considerados autoridades no assunto que se vai estudar.

Há, também, a questão de obras adequadas ou não ao nível do trabalho; enciclopédias e revistas não especializadas, por exemplo, não poderão constituir o único amparo bibliográfico para um trabalho universitário. Podem ser consultadas, evidentemente, numa abordagem preliminar, genérica do assunto; mas não constituirão apoio bibliográfico exclusivo.

30 Introdução à Metodologia do Trabalho Científico • Andrade

Outro aspecto refere-se ao nível de complexidade da obra: há bons autores de gramáticas e de manuais de literatura, que direcionam suas obras para estudantes de primeiro e segundo graus. Embora consideradas excelentes, tais obras não se prestam para o embasamento teórico de trabalhos universitários. Note-se, por exemplo, que o enfoque adotado nos programas de literatura e análise literária na Faculdade de Letras é (ou pelo menos deve ser) muito diferente daquele do segundo grau; portanto, a bibliografia adequada a um nível não poderá servir para trabalhos do nível subsequente.

A observação vale também para apostilas de cursos pré-vestibulares, que, convém lembrar, equiparam-se ao nível de segundo grau. Alguns cursinhos publicam apostilas ótimas, claras, objetivas, concisas, mas, mesmo assim, não são apoio bibliográfico adequado para trabalhos de nível universitário.

3.5 Pesquisa bibliográfica na Internet[1]

A pesquisa em biblioteca, como foi visto, tem sido a maneira tradicional de recuperar informações em qualquer das áreas do conhecimento humano. Recentemente, com o aparecimento das facilidades dos recursos eletrônicos da rede mundial de computadores – Internet –, essa outra forma de pesquisa tornou o acesso muito mais amplo e praticamente sem fronteiras físicas.

As informações existentes na Internet são, em enorme quantidade e variedade, pulverizadas em milhões de computadores espalhados pelo mundo todo e organizadas em arquivos eletrônicos. Esses arquivos, quando agrupados em um computador acessível pela rede, chamam-se *site*, e o *site* é referenciado a um endereço, nessa rede.

Para acessar qualquer *site*, o usuário necessita conhecer o endereço, ou URL (*Uniform Resource Locator*), de um computador que se conecte à Internet e de algum programa de navegação. Dentre os programas de navegação mais conhecidos estão o Microsoft Internet Explorer, o Google Chrome, o Mozilla Firefox, o Opera e, para computadores Apple, o Safari. O campo endereço é alfa numérico e não comporta acentuação nem caracteres especiais, devendo ser escrito em letras minúsculas.

Assim, tendo-se um computador com acesso à Internet e o navegador instalado, pode-se chegar às informações contidas desde em páginas pessoais até em bibliotecas virtuais. Entretanto, devido à enorme quantidade e à especificidade do endereçamento, encontrar o que se procura não é tarefa das mais simples, nem muito fácil.

---

[1] Colaboração de João Alcino de Andrade Martins.

3.5.1 Usando sites de busca

Pensando na solução do problema de localizar o endereço de uma página ou uma informação na vastidão da Internet, vários empreendedores organizaram *sites*, conhecidos em português como buscadores, ou *sites* de busca. Um *site* de busca equivale, no mundo real, a um fichário ou catálogo no qual se encontra a localização da informação buscada, mas o buscador em si não contém nenhuma informação além dos endereços.

Existem muitos buscadores, nacionais e estrangeiros, e as páginas catalogadas podem estar em qualquer lugar do mundo e em qualquer idioma. A forma mais objetiva e imediata de procurar genericamente por uma informação é por um *site* de busca. Os navegadores também têm um botão *Pesquisar* que pode ser usado para iniciar uma pesquisa genérica, sendo que este envia o usuário para um *site* de pesquisas do próprio navegador.

Alguns *sites* são chamados metabuscadores, pois enviam a consulta para outros buscadores e não ao banco de dados de páginas propriamente dito. A grande vantagem do metabuscador é realizar a pesquisa em vários buscadores de uma só vez, sem a necessidade de o usuário pesquisar em cada um deles.

Para efetuar uma busca, inicia-se com o computador conectado à Internet e o navegador carregado, digitando-se o endereço desejado na barra de endereços do programa. A página principal do *site* deverá ser mostrada e uma janela para digitação será visível, normalmente ao lado da palavra *busca* (ou *search*). Nessa janela só se usa acentuação ou caracteres especiais se o *site* permitir e, usualmente, letras maiúsculas e minúsculas são indistintas, preferindo-se minúsculas.

Site	Endereço (URL)	Tipo
Alta Vista	http://br.altavista.com	Genérico, dividido por áreas
Google	http://www.google.com.br	Genérico
Guby Network	http://www.achei.com.br	Genérico, dividido por áreas
Lycos	http://www.lycos.com.br	Genérico, dividido por áreas
Microsoft	http://www.bing.com.br	Genérico, no Internet Explorer
StarMedia	http://www.cade.com.br	Genérico, dividido por áreas
UOL	http://busca.uol.com.br	Genérico
Yahoo! Brasil	http://www.yahoo.com.br	Genérico

Ilustração da página principal do *site* de buscas Google, usando o navegador Internet Explorer 8, em ambiente Windows XP. Note-se a janela para a digitação das palavras ou expressões a serem pesquisadas e as opções de delimitação da busca.

Digita-se uma ou mais palavras relacionadas ao assunto da pesquisa, escolhem-se as opções oferecidas pela página e aciona-se a busca. Usualmente, uma relação de títulos de páginas aparece, quase sempre em azul e grifado, e uma pequena reprodução das primeiras linhas da página em questão, serão apresentados por ordem de relevância. O título da página é ligado ao endereço dela na rede, podendo ser listado também o endereço principal do *site*.

Eventualmente, da pesquisa poderá resultar uma mensagem informando que nenhuma página foi encontrada. Nesse caso, devem-se digitar outras palavras relacionadas ao tema, diminuir a frase para tornar a pesquisa mais abrangente ou mudar o tipo de busca, como será mostrado no item 3.5.3 adiante.

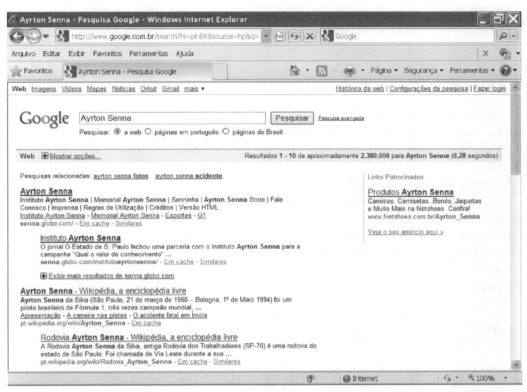

Exemplo do topo da página de resultados de uma busca em toda a Rede, com as palavras *Ayrton Senna*. O total de páginas encontradas é listado em grupos de 10, classificadas por relevância de acordo com os critérios do *site*.

Seguindo-se o endereço escolhido, pode-se chegar à respectiva página ou obter a mensagem "HTTP 404 *error*", o que significa que não existe uma página disponível no endereço selecionado. Encontrando-se a página, esta pode conter apenas uma citação, um resumo, a informação procurada ou ainda outro endereço redirecionando para a palavra ou frase pesquisada.

Chegando-se finalmente à informação desejada, vê-se que poucos são os trabalhos publicados integralmente nas páginas dos *sites*. O mais comum é, junto ao título ou resumo, aparecer uma instrução para que o arquivo com o trabalho completo seja copiado para o computador que acessa, como explicado adiante. O formato preferencial dos arquivos disponíveis tem sido o *.pdf* da Adobe, que necessita do programa Acrobat Reader para ser aberto.

O programa Adobe Reader é distribuído gratuitamente na Internet pela Adobe System Inc., no endereço <http://www.adobe.com.br>, onde pode-se encontrar um pequeno retângulo com os dizeres *Get Adobe Reader*. Clicando sobre o retângulo o navegador irá para uma página contendo as instruções de como copiar para o computador do usuário (*download*) e instalar o programa. Este tipo de arquivo *.pdf pode* conter texto, gráfico e imagens em um tamanho de arquivo bastante reduzido, quando comparado com outros editores de texto.

3.5.2 Copiando arquivos com o navegador

Ao obter uma página da rede com o navegador tem-se, em geral, a opção de copiar o conteúdo em papel ou em meio eletrônico. Para imprimir basta acionar o botão *Arquivo* e selecionar *Imprimir* que uma cópia da página será impressa. Algumas partes da página, tais como textos e figuras animados, e ligações e endereços para outras páginas poderão não ser impressas, pois são conteúdos virtuais.

Desejando copiar em meio eletrônico a página mostrada, clique em *Arquivo, Salvar Como...*, e uma janela surgirá para que seja escolhido o dispositivo ou local onde a página será armazenada. Pode-se escolher disquete, disco rígido ou qualquer diretório do computador, por exemplo, a pasta "Meus Documentos". Então, dá-se um nome ao arquivo, que automaticamente terá a extensão *.htm* ou *.html*, pois os nomes originais muitas vezes são mnemônicos, símbolos ou códigos do *site*.

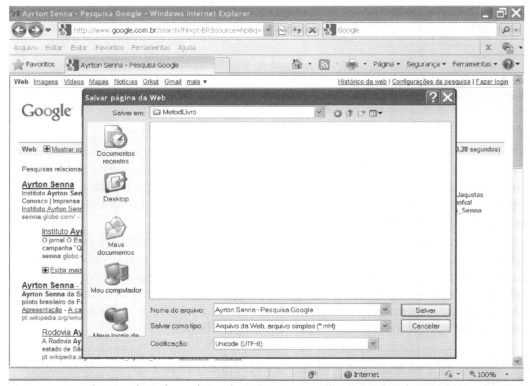

Figura mostrando a janela "salvar página da Web", para escolha do local onde a página será gravada como arquivo. No exemplo será na pasta "MetodLivro", dentro do diretório "Meus Documentos". (Internet Explorer 8, Windows XP).

Se a cópia pretendida for de um arquivo, indicado na página por um ícone, um nome ou um endereço, deve-se clicar sobre ele e automaticamente uma janela será aberta para escolha do local de gravação do arquivo a copiar. Novamente, qualquer dispositivo ou local do computador pode ser usado e, nesse caso, os dados originais, como o nome e a extensão, podem ser aceitos ou alterados pelo usuário.

Após a cópia, pode-se usar um gerenciador de arquivos, por exemplo o Windows Explorer, para localizar o arquivo copiado e identificá-lo pela extensão do nome. Essa identificação é necessária para saber qual o programa a ser usado para abrir o arquivo. Se o nome tiver a extensão *.pdf,* usa-se o Acrobat Reader, se for *.doc, .rtf ou .txt,* pode-se usar um editor de textos, como por exemplo o Word da Microsoft; sendo *.htm* ou *.html,* emprega-se o navegador e, ainda, *.zip* necessitará de um descompactador, do tipo do WinZip, antes de poder ser acessado.

No ambiente Windows, alternativamente, pode-se clicar duas vezes sobre o ícone ao lado esquerdo do nome do arquivo, na tela do Windows Explorer. Se houver um programa instalado no computador que esteja associado ao tipo de arquivo selecionado, ele será aberto automaticamente.

Caso o interesse seja só pelo texto existente na página, pode-se clicar em *Editar, Selecionar Tudo,* clicar novamente em *Editar, Copiar,* que o texto ficará armazenado na área de transferência do Windows. Em seguida, deve-se abrir um editor de texto e mais uma vez *Editar, Colar.* O texto da página deverá ser transferido para o editor, com o inconveniente de que, nesse processo, alguma formatação é perdida, mas com vantagem de ser rápido e resultar em um texto editável instantaneamente.

No caso de arquivos do tipo *nomedoarquivo.pdf*, do Adobe Reader, o programa possibilita abrir e imprimir, contendo ferramentas próprias para cópia de partes do conteúdo, específicas para texto ou figura.

3.5.3 Otimizando os resultados

A grande maioria dos *sites* permite livremente a cópia do conteúdo, desde que respeitadas as leis de direitos autorais, ou autorização do autor via correspondência eletrônica, mas alguns exigem cadastro e pagamento para o acesso à informação. Mesmo assim, no complexo de páginas armazenadas na profusão de *sites*, o principal problema é a dificuldade de obter resultados objetivos de forma rápida e econômica.

A alternativa é filtrar as páginas que contêm a palavra pesquisada, apenas por uma eventualidade, livrando o resultado do chamado lixo da busca. Para diminuir o lixo e aumentar o grau de relevância, podem-se usar as opções de pesquisar "todas as palavras" de um grupo de palavras, a opção de uma frase ou expressão em sua forma "exata", ou pesquisar em determinada área de interesse.

Alguns buscadores permitem o uso de sinais algébricos "+" e "–", operando como se fosse uma verdadeira matemática de palavras para filtrar a busca. Em muitos *sites* escrevem-se as palavras ou frase entre aspas, para a busca ser dirigida para as palavras ou frase exatas, ou usar-se *busca avançada*.

Um mecanismo eficiente, que infelizmente só está disponível em alguns *sites*, é o uso da pesquisa booleana.[2] Isto é, podem-se usar expressões do tipo *AND*, *OR*, *NOT* e *NOR* para direcionar melhor a pesquisa e, consequentemente, melhorar a qualidade dos resultados.

O emprego de expressão booleana melhora a qualidade do resultado, eliminando endereços indesejados, pela conveniente associação ou eliminação de termos. Cada *site* tem regras próprias, que podem ser consultadas na *Ajuda* da página, mas, em geral, deve-se escrever a variável booleana em letras maiúsculas e em inglês.

Atualmente, a maioria dos *sites* de buscas apresenta uma página para *busca avançada*, que nada mais é do que uma forma mais prática para o usuário utilizar as expressões lógicas mencionadas, sem preocupar-se com a sintaxe.

Empregando-se as associações desejadas de forma, inclusão, idioma e outras opções oferecidas, o número de resultados será menor, mas, certamente, muito mais adequados à pesquisa e, portanto, mais úteis, também economizando tempo que seria gasto em visitas a páginas inadequadas.

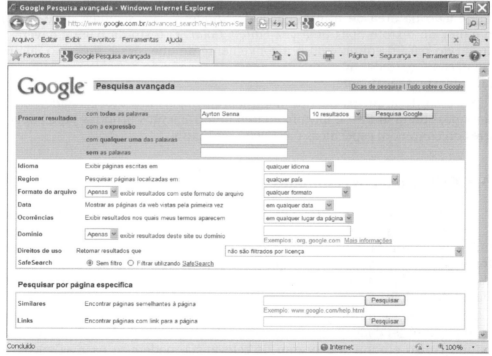

Exemplo da página de *busca avançada*, como formulário do *site* Google, que otimiza os resultados pela especificação de palavras ou expressões pertinentes ao contexto, ou que se deseja excluir.

---

[2] Booleana: tipo de álgebra devida ao matemático inglês George Boole (1815-1864); uma das bases da inteligência artificial.

A melhoria e a objetividade dos resultados também podem ser alcançadas com a utilização de buscas em áreas determinadas dentro de um *site*, ou em *sites* específicos. No entanto, convém sempre consultar a ajuda do *site* para saber das várias técnicas passíveis de uso na pesquisa e receber orientações de como otimizar o processo. Em alguns *sites* está disponível a opção de *busca avançada*, que permite um refinamento melhor da pesquisa e consequente otimização dos resultados.

3.5.4 *Pesquisa em* sites *específicos*

Os interessados em estudos e trabalhos acadêmicos podem poupar tempo e dinheiro consultando *sites* diretamente relacionados à área de interesse. Empresas, instituições públicas e indivíduos mantêm *sites* abertos para consulta livre pela Internet. Deve-se, porém, atentar para a correção das informações obtidas, procurando-se verificá-las em pelo menos uma outra fonte confiável, principalmente quando a informação estiver em uma página pessoal ou de um grupo com interesse específico.

Como a publicação na *Internet* é livre e não sofre fiscalização, ou certificação de qualquer espécie, é recomendável, sempre, certa cautela na utilização das informações obtidas. A veracidade e confiabilidade das informações, bem como a atualidade e procedência, são de responsabilidade de quem reproduz ou usa a informação, mesmo citando a fonte, como recomendado.

Os estudantes de primeiro e segundo graus podem obter bons resultados de pesquisa em *sites* de enciclopédias, de escolas, de provedores de conteúdo e até mesmo de pessoas que se dedicam a um tema, particular ou profissionalmente, e coloca o conteúdo disponível na rede. Assuntos como Ciências, Biologia, Português, Matemática, História e Geografia, entre muitos outros, têm *sites* dedicados e são encontrados em quantidade e qualidade para os propósitos escolares.

Para os usuários com dificuldades em alguma língua estrangeira um recurso disponível é o tradutor *on-line*. Dentre vários *sites*, pode-se mencionar o Google e o Yahoo! como ferramentas práticas de tradução, podendo-se escolher entre dezenas de idiomas. Nesses *sites* obtêm-se gratuitamente a tradução de páginas, partes de páginas ou texto do usuário, que deve colar o objeto a traduzir na janela de tradução e escolher o idioma.

No entanto, deve-se ter muito cuidado e critério com o resultado de traduções automáticas, visto que esse processo ainda é bastante deficiente em gramática e vocabulário, cabendo ao usuário a tarefa de corrigir e adequar o texto resultante.

Relação de alguns *sites* que podem auxiliar em trabalhos e pesquisa, com mecanismo de busca, mais voltados para o primeiro e segundo graus até o vestibular.

Site	Endereço (URL)	Descrição
BARSA	http://brasil.planetasaber.com	Atualidades, pesquisas, dicionário
Brasil Escola	http://www.brasilescola.com	Dividida por temas, com simulados e respostas
Educação e Literatura	http://www.dominiopublico.com.br	Livros e obras completos em português
Enciclopédia Livre	http://www.wikipedia.org.br	Todos os temas em todas as áreas
IBGE	http://www.ibge.gov.br	Brasil em números, para todas as idades
Rede Globo	http://www.10emtudo.com.br	Todas as matérias, simulados, cadastro grátis
Scite.Pro	http://www.scite.pro.br	Biblioteca de ciências, textos, livros, multimídia
Tradutor automático	http://br.babelfish.yahoo.com http://translate.Google.com.br	Tradução *on-line* entre dezenas de idiomas
UOL	http://educacao.uol.com.br	Todas as disciplinas, exercícios e resumos
USP – Escola do Futuro	http://www.bibvirt.futuro.usp.br	Extensa e variada, literatura e vestibular
ZipNet	http://www.historianet.com.br	História Geral, do Brasil e das Artes

No nível acadêmico mais avançado, diversas instituições públicas e privadas, incluindo as de ensino superior, têm armazenada e disponível para consulta uma base de dados da produção intelectual e do acervo de documentos. Também, pode-se encontrar um farto material para universitários e pesquisadores em *sites* de publicações científicas que mantêm uma versão eletrônica, bem como em banco de dados de órgãos do governo, não necessariamente ligados ao ensino e pesquisa.

Relação de alguns *sites,* em áreas específicas, com informações acadêmicas e pesquisas, com mecanismo de busca, no nível universitário.

Site	Endereço (URL)	Descrição
Base de Dados	http://www.esalq.usp.br/biblioteca	Mais de 54.000 artigos em Ciências Agrárias
Base PERIE	http://www.eco.unicamp.br	Artigos, monografias, pesquisas em Economia
Biblioteca Pública na Internet	http://www.ipl.org	EUA – Enciclopédia, dicionário, Atlas
Biblioteca Virtual	http://www.usp.br/sibi	Referências e acervo acadêmico e científico
Edubase	http://www.bibli.fae.unicamp.br	Dados em Educação, artigos e monografias
Medicina e Saúde Pública	http://www.bireme.org	Centro Latino Americano de Saúde
Medicina e Saúde Pública	http://www.nlm.nih.gov	EUA – Ciências Médicas e Saúde Pública
SIBRADID	http://www.eef.ufmg.br	Educação Física, Centro Esportivo Virtual
Univ. Columbia International Affairs	http://www.ciaonet.org	EUA – Negócios Internacionais
US National Science Foundation	http://xxx.lanl.gov	EUA – Física, matemática e computação

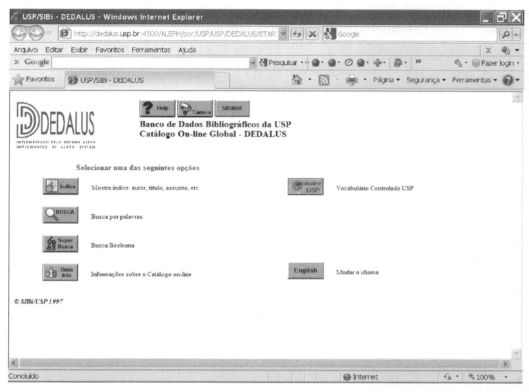

Reprodução ilustrativa da página de entrada do *site* Dedalus, o banco de dados bibliográficos da Universidade de São Paulo, que permite acesso pela *Internet* apenas à ficha catalográfica.

No entanto, muitas dessas fontes colocam apenas a ficha catalográfica da obra ou simplesmente os dados e estatísticas acessíveis pela *Internet*. Em alguns casos, a informação através da ficha bibliográfica já é suficiente para o usuário, que poderá, então, recuperar a obra pelo modo tradicional. Nesse caso, a *Internet* apenas facilita a localização da obra que contém a informação desejada e não provê a recuperação da informação, propriamente dita.

Uma das mais importantes fontes de referências acadêmicas brasileiras é o Sistema Integrado de Bibliotecas da USP, que pode ser consultado pelo *site* da Universidade de São Paulo, na área "sibi", procurando-se pelo nome "Dedalus". Esse *site* possibilita a pesquisa por autor, título, assunto, e também por palavras, ou ainda por lógica booleana, além de permitir a escolha da base de dados a ser consultada.

Finalmente, uma boa maneira de iniciar uma pesquisa sobre uma informação, no campo acadêmico-científico, é pela utilização de metabuscadores ou em *sites* de busca específicos, delimitados por áreas do conhecimento. No Brasil existem alguns *sites* com essa característica, principalmente aqueles ligados às agências do governo que dão suporte a ciência e pesquisa nacionais.

Uma pesquisa internacional também pode ser feita por esses meios de busca, utilizando-se os metabuscadores especializados que fornecerão resultados sobre onde procurar o que se deseja. Com as informações iniciais, devem-se listar os *sites* desejados e, então, dar início a busca direcionada em um *site* específico. Aparentemente mais complicada, esta forma é muito eficaz e traz vantagens com a maior objetividade dos resultados.

Exemplos de *sites* com busca nos campos acadêmico e científico, alguns especializados por áreas do conhecimento e com textos integrais.

Descrição	Endereço (URL)
Biblioteca Nacional	http://www.bn.br
Bibliotecas com catálogos *on-line*	http://www.cg.org.br/gt/gtbv/catalogos.htm
Bibliotecas virtuais	http://www.prossiga.br/bvtematicas
Catálogo de revistas científicas	http://www.scielo.br
Informações em Ciência e Tecnologia	http://www.ibict.br
Medicina e Saúde	http://www.unifesp.br
Metabuscador	http://www.metacrawler.com.br
Referência em Agropecuária	http://www.embrapa.br

Relação de universidades públicas no Brasil que dispõem de *site* na Internet.

UNIVERSIDADES ESTADUAIS	
UERJ – UNIVERSIDADE DO ESTADO DO RIO DE JANEIRO	http://www.uerj.br
UNESP – UNIVERSIDADE ESTADUAL PAULISTA	http://www.unesp.br
UNICAMP – UNIVERSIDADE ESTADUAL DE CAMPINAS	http://www.unicamp.br
UPE – UNIVERSIDADE DE PERNAMBUCO	http://www.upe.br
USP – UNIVERSIDADE DE SÃO PAULO	http://www.usp.br

UNIVERSIDADES FEDERAIS	
FUA – UNIVERSIDADE DO AMAZONAS	http://www.fua.br
FURG – UNIVERSIDADE DO RIO GRANDE	http://www.furg.br
UFAL – UNIVERSIDADE FEDERAL DE ALAGOAS	http://www.ufal.br
UFBA – UNIVERSIDADE FEDERAL DA BAHIA	http://www.ufba.hr
UFCE – UNIVERSIDADE FEDERAL DO CEARÁ	http://www.ufce.br
UFES – UNIVERSIDADE FEDERAL DO ESPÍRITO SANTO	http://www.ufes.br
UFF – UNIVERSIDADE FEDERAL FLUMINENSE	http://www.uff.br
UFG – UNIVERSIDADE FEDERAL DE GOIÁS	http://www.ufg.br
UFJF – UNIVERSIDADE FEDERAL DE JUIZ DE FORA	http://www.ufjf.br
UFLA – UNIVERSIDADE FEDERAL DE LAVRAS	http://www.ufla.br
UFMT – UNIVERSIDADE FEDERAL DE MATO GROSSO	http://www.ufmt.br
UFMS – UNIVERSIDADE FEDERAL DE MATO GROSSO DO SUL	http://www.ufms.br
UFOP – UNIVERSIDADE FEDERAL DE OURO PRETO	http://www.ufop.br
UFPA – UNIVERSIDADE FEDERAL DO PARÁ	http://www.ufpa.br
UFPB – UNIVERSIDADE FEDERAL DA PARAÍBA	http://www.ufpb.br
UFPE – UNIVERSIDADE FEDERAL DE PERNAMBUCO	http://www.ufpe.br
UFPEL – UNIVERSIDADE FEDERAL DE PELOTAS	http://www.ufpel.tche.br
UFPR – UNIVERSIDADE FEDERAL DO PARANÁ	http://www.ufpr.br
UFRJ – UNIVERSIDADE FEDERAL DO RIO DE JANEIRO	http://www.ufrj.br
UFRN – UNIVERSIDADE FEDERAL DO RIO GRANDE DO NORTE	http://www.ufrn.br
UFRGS – UNIVERSIDADE FEDERAL DO RIO GRANDE DO SUL	http://www.ufrgs.br
UFSC – UNIVERSIDADE FEDERAL DE SANTA CATARINA	http://www.ufsc.br
UFSCAR – UNIVERSIDADE FEDERAL DE SÃO CARLOS	http://www.ufscar.br
UFSM – UNIVERSIDADE FEDERAL DE SANTA MARIA	http://www.ufsm.br
UFMG – UNIVERSIDADE FEDERAL DE MINAS GERAIS	http://www.ufmg.br
UFU – UNIVERSIDADE FEDERAL DE UBERLÂNDIA	http://www.ufu.br
UFV – UNIVERSIDADE FEDERAL DE VIÇOSA	http://www.ufv.hr
UnB – UNIVERSIDADE DE BRASÍLIA	http://www.unb.br
UNIFESP – UNIVERSIDADE FEDERAL DE SÃO PAULO	http://www.epm.br

Relação de alguns *sites* de Serviços de Utilidade Pública do Governo, que permitem acesso livre para consulta à base de dados.

Assunto ou Área	Endereço (URL)
Administração RH – SIAPE	http://www.siapenet.gov.br
Ciência e Tecnologia	http://www.mct.gov.br
Código de Trânsito Brasileiro	http://www.senado.gov.br/web/codigos/transito/httoc.htm
Código Defesa do Consumidor	http://www.mj.gov.br/dpdc
Código Tributário Nacional	http://www.receita.fazenda.gov.br/Legislacao
Comércio Eletrônico	http://ce.mdic.gov.br
Comitê da Internet no Brasil	http://www.cg.org.br
Dados Previdenciários	http://www.dataprev.gov.br
Diretrizes e Bases – Educação	http://www.mec.gov.br
Informações – Banco Central	http://www.bc.gov.br
Informações Sociais	http://www.dataprev.gov.br/cnis/cnis.html
Legislação Brasileira	http://www.senado.gov.br/sicon
Legislação Comércio Exterior	http://www.desenvolvimento.gov.br
Lei Eleitoral	http://www.senado.gov.br/web/codigos/eleitoral/httoc.htm
Leis Tributárias e Aduaneiras	http://www.receita.fazenda.gov.br/Legislacao/default.htm
Leis – Decretos – Projetos de Lei	http://www.presidencia.gov.br/legislacao
Marcas e Patentes – INPI	http://www.inpi.gov.br
Orçamento da União	http://www.senado.gov.br/orcamento
Pesquisa Mineral – DNPM	http://www.dnpm.gov.br
Registro Mercantil	http://www.dnrc.gov.br
Saúde e SUS	http://www.saude.gov.br
Serviços e Informações	http://www.redegoverno.gov.br

4 Fases da pesquisa bibliográfica

Uma pesquisa bibliográfica pode ser desenvolvida como um trabalho em si mesma ou constituir-se numa etapa da elaboração de monografias, dissertações etc.

Enquanto trabalho autônomo, a pesquisa bibliográfica compreende várias fases, que vão da escolha do tema à redação final.

De modo geral, essas fases apresentam algumas semelhanças com as da elaboração dos trabalhos de graduação, que serão explicitadas mais adiante.

4.1 Escolha e delimitação do tema

Geralmente, nos cursos de graduação, o tema dos trabalhos é sugerido pelo professor; contudo, sempre é bom lembrar que esta escolha deve ser feita segundo alguns critérios.

Antes de mais nada, deve-se pesquisar a acessibilidade a uma bibliografia sobre o assunto, pois todo trabalho universitário baseia-se, principalmente, na pesquisa bibliográfica.

Outros requisitos importantes são a relevância, a exequibilidade, isto é, a possibilidade de desenvolver bem o assunto, dentro dos prazos estipulados, e a adaptabilidade em relação aos conhecimentos do autor.

Escolhido o tema, faz-se necessário delimitá-lo, ou seja, definir sua extensão e profundidade, o tipo de abordagem. Por exemplo: se for escolhido o tema – "Evasão escolar" – torna-se necessário especificar:

a) onde? (no Estado? na Capital? em determinada região ou escola?)

b) em que nível? (na pré-escola? no primeiro, segundo ou terceiro grau?)

c) qual o enfoque? (psicológico, sociológico?...)

Da mesma forma, se for escolhido o tema "Leitura" é indispensável especificar o tipo de leitura e de leitores, se a leitura vai ser estudada como atividade curricular ou extracurricular; enfim, a modalidade do enfoque pelo qual o tema será abordado.

4.2 A coleta de dados

De posse do tema, deve-se procurar na biblioteca, através de fichários, catálogos, *abstracts*, uma bibliografia sobre o assunto, que fornecerá os dados essenciais para a elaboração do trabalho.

Selecionadas as obras que poderão ser úteis para o desenvolvimento do assunto, procede-se, em seguida, à localização das informações necessárias.

4.3 Localização das informações

Tendo em mãos uma lista de obras identificadas como fontes prováveis para determinado assunto, procura-se localizar as informações úteis, através das leituras:

a) *leitura prévia ou pré-leitura*: procura-se o índice ou sumário, lê-se o prefácio, a contracapa, as orelhas do livro, os títulos e subtítulos, pesquisando-se a existência das informações desejadas. Uma leitura "por alto", de páginas salteadas, pode fornecer pistas sobre o conteúdo da obra. Às vezes, só um capítulo ou uma parte do livro contém informações; outras vezes, só interessa para o trabalho o prefácio ou a introdução. Através desta primeira leitura faz-se uma seleção das obras que serão examinadas mais detidamente;

b) *leitura seletiva*: o objetivo desta leitura é verificar, mais atentamente, as obras que contêm informações úteis para o trabalho. Faz-se uma leitura mais detida dos títulos, subtítulos e do conteúdo das partes e capítulos, procedendo-se, assim, a uma nova seleção;

c) *leitura crítica/analítica*: agora a leitura deve objetivar a intelecção do texto, a apreensão do seu conteúdo, que será submetido à análise e à interpretação;

d) *leitura interpretativa*: entendido e analisado o texto, procura-se estabelecer relações, confrontar ideias, refutar ou confirmar opiniões.

Caso seja necessário ampliar o levantamento bibliográfico, deve-se procurar na bibliografia de cada obra, nas notas de rodapé, nas referências bibliográficas, a indicação de outras obras e autores que poderão ser consultados.

4.4 Documentação dos dados: anotações e fichamentos

As leituras realizadas numa pesquisa bibliográfica devem ser registradas, documentadas, através de anotações. As anotações tornam-se mais acessíveis, funcionais, se forem feitas em fichas.

Fichar é transcrever anotações em fichas, para fins de estudo ou pesquisa.

A vantagem de se utilizar o método de fichamento para a documentação dos dados está na possibilidade de obter-se a informação exata, na hora necessária. Além disso, pela facilidade do manuseio, remoção, renovação ou acréscimo de informações, o uso de fichas é indispensável na tarefa de documentação bibliográfica.

As fichas ocupam pouco espaço, podem ser facilmente transportadas, possibilitam a ordenação do material relativo a um tema, a memorização de determinados assuntos (conjugações de verbos, lista de verbos irregulares, declinações, fórmulas, teoremas etc.), facilitando o estudo e a elaboração de trabalhos.

O aluno que se dispuser a fazer uma experiência, utilizando fichas em pelo menos uma disciplina do curso, poderá constatar a eficácia e a funcionalidade dos fichamentos. O difícil é começar, dispor-se a experimentar, mas vale a pena tentar!

4.4.1 Fichas: tamanhos e conteúdos

Existem fichas de tamanhos padronizados, com ou sem pauta, para facilitar o uso e o arquivamento em fichários. Muitas vezes, fichas do curso de graduação podem servir para trabalhos e cursos posteriores; um fichamento iniciado no Brasil pode ter continuidade no exterior, no caso de cursos e pesquisas que se pretende realizar. O tamanho padronizado facilita o acréscimo de novas fichas e a utilização de fichários anteriormente adquiridos.

Os tamanhos internacionalmente padronizados de fichas são:

pequeno – 7,5 × 12,5 cm;

médio – 10,5 × 15,5 cm;

grande – 12,5 × 20,5 cm.

Os três tamanhos podem ser utilizados de acordo com a finalidade das anotações, o tipo de escrita empregado (manuscrito ou datilografado), ou a caligrafia de quem vai usá-las. Geralmente, o tipo pequeno é usado apenas para indicações bibliográficas; o médio, destina-se a anotações sucintas; e o grande, para resumos de obras inteiras, planos de aula, seminários etc. Quem trabalha com fichas manuscritas, costuma preferir o tamanho grande, pela facilidade de leitura, mas esta é uma questão que concerne mais ao gosto pessoal do usuário.

Quanto ao conteúdo, as fichas se prestam a vários tipos de anotações:

- fichas de indicação bibliográfica (autor, obra, assunto);
- de transcrições, para citações;
- de apreciação;
- de esquemas;
- de resumo;
- de ideias sugeridas pelas leituras etc.

  a) *Fichas de indicações bibliográficas.* A ABNT, na NBR 6023, assim define referência bibliográfica: "3.1. Referência bibliográfica é um conjunto de elementos que permitem a identificação, no todo ou em parte, de documentos impressos ou registrados em diversos tipos de material." Porém, a fim de evitar confusões com a "indicação das fontes das citações", "obras de referência", ou "referências de rodapé", por exemplo, parece mais prático definir o "conjunto de elementos" constantes da bibliografia como indicações bibliográficas, que são as seguintes:

  - autor;
  - título;
  - número da edição (da segunda em diante);
  - local de publicação;
  - editora;
  - data da publicação.

Essas indicações bibliográficas obedecem às normas da Associação Brasileira de Normas Técnicas (ABNT).

As fichas de indicações bibliográficas podem ser do tamanho pequeno e são de grande utilidade quando se está procedendo ao levantamento bibliográfico de um assunto. Constituem-se, também, num grande auxílio no momento de colocar as obras em ordem alfabética, para organizar a bibliografia de um trabalho.

  b) *Fichas de transcrições.* Enquanto se realiza a leitura analítica ou interpretativa das fontes bibliográficas, convém selecionar trechos de alguns autores, que poderão (ou não) ser usados como citações no trabalho ou servir para destacar ideias fundamentais de determinados autores, nas obras consultadas.

Em ambos os casos, o procedimento é o mesmo: transcreve-se na ficha, entre aspas e literalmente, o trecho em questão, sem esquecer de colocar, no alto, as indicações bibliográficas, acrescentando-se o número da página de onde se fez a transcrição.

c) *Fichas de apreciação*. Durante a pesquisa bibliográfica, é de grande utilidade fazer anotações a respeito de algumas obras, no que se refere a seu conteúdo ou estabelecendo comparações com outras da mesma área. Anotam-se críticas, comentários e opiniões sobre o que se leu. Este procedimento poupa o tempo que seria gasto no reexame das fontes bibliográficas.

d) *Fichas de esquemas*. Os esquemas anotados nas fichas tanto podem referir-se a resumos de capítulos ou de obras, quanto a planos de trabalho. No primeiro caso, procura-se facilitar as revisões das matérias ou memorização de conteúdos; no segundo, trata-se de gravar, através das anotações, planos de trabalho ou de redação.

e) *Fichas de resumos*. Os resumos anotados nas fichas podem ser descritivos ou informativos, dependendo da sua finalidade. O resumo descritivo, embora não dispense a leitura do original da obra, tem a vantagem de apontar suas partes principais, facilitando o processo de seleção da bibliografia. O resumo informativo, mais abrangente, dispensa a leitura do texto original, por isso é de grande valia quando se deseja ter à mão o conteúdo de obras consultadas em uma biblioteca.

f) *Fichas de ideias sugeridas pelas leituras*. Ocorre, muitas vezes, enquanto se procede ao levantamento bibliográfico, surgirem ideias para a realização de trabalhos ou para complementar um tipo de raciocínio ou de exemplificação no trabalho que se realiza ou em outro, provavelmente de outra área ou disciplina. A experiência ensina que essas ideias "cometa", que passam de relance pela mente, se não forem devidamente anotadas, dificilmente ou jamais serão recuperadas. É, portanto, aconselhável que se anote imediatamente, de preferência em fichas, essas ideias fugidias, sempre que elas ocorrerem.

Esses são os conteúdos mais comuns das fichas, mas, obviamente, qualquer tipo de ideia, plano ou sugestão de trabalho, qualquer tipo de anotação pode ser fichado, de acordo com as necessidades e os planos de cada pesquisador.

4.4.2 Uso das fichas e organização dos fichários

Não basta anotar em fichas, é preciso saber usá-las e organizá-las, para que o método de fichamento cumpra suas finalidades.

As sugestões aqui oferecidas foram simplificadas ao máximo, numa tentativa de facilitar a vida do estudante que não pretende especializar-se em biblioteconomia.

Toda ficha deve ter indicações precisas a respeito de seu conteúdo e, muitas vezes, de sua finalidade. Essas indicações começam pelo cabeçalho, que especifica o tema ou assunto ou ainda a finalidade do conteúdo fichado. Não é uma anotação obrigatória, mas facilita a consulta e manuseio da ficha. Em seguida, anotam-se as indicações bibliográficas, ou seja, autor, obra, local de impressão, editora, data e, se for o caso, o capítulo ou as páginas da obra em questão. Esta é uma anotação necessária e deve ser repetida no alto de todas as fichas, se o trabalho consta de várias. O corpo da ficha refere-se a seu conteúdo: esquema, resumo, citação etc. Quando o livro foi consultado em uma biblioteca, e inclui-se na bibliografia de um trabalho, convém anotar o nome da biblioteca e os dados catalográficos da obra, para facilitar uma nova consulta, em caso de necessidade.

Geralmente, as fichas são manuscritas; não se deve diminuir o tamanho da caligrafia habitual ou "espremer" as palavras, na tentativa de aproveitar melhor o espaço. É bom ter sempre em mente que facilitar a vida do estudante é o objetivo principal das fichas.

Embora alguns autores ensinem técnicas indicadas para escrever-se nos dois lados da ficha, a experiência mostra que o mais conveniente é utilizar apenas um dos lados, isto é, não se deve fazer anotações no verso. Este procedimento facilita o manuseio, o arquivamento e a busca de uma ficha no fichário.

Quando o trabalho (resumo, esboço, esquema) exige certo número de fichas, torna-se necessário numerá-las, não só por questão de ordem, mas também para prevenir surpresas desagradáveis: fichas que caem soltas no chão ou que se misturam e confundem durante o manuseio etc. A numeração pode ser feita ao alto, à direita, em algarismos arábicos. As indicações bibliográficas devem constar de todas as fichas, mas em determinados casos, quando o fichamento se destina ao uso próprio, por exemplo, podem-se abreviar essas indicações, anotando-se apenas o nome do autor e o título da obra, da segunda ficha em diante.

As fichas devem ser arquivadas em fichários. Existem no mercado fichários de vários tamanhos e tipos: de madeira, de aço, de acrílico etc. Obviamente, o fichário deverá corresponder ao tamanho das fichas utilizadas, mas, quanto ao tipo, reflete uma escolha pessoal e pode até ser substituído por uma caixa qualquer, de papelão. Algumas caixas de sapatos, tratadas com certa criatividade, transformam-se em bons fichários para fichas do tamanho médio.

Um ponto muito importante no que diz respeito às fichas e fichários é nunca misturar assuntos ou autores. Cada ficha deve conter um assunto relativo a um autor, do mesmo modo que os fichários devem separar títulos e autores, ou seja, um fichário para títulos, outro para autores.

Organizam-se os fichários por ordem alfabética de autores, de títulos ou de assuntos. Para separar assuntos (títulos) ou mesmo disciplinas, caso o estudante utilize um único fichário para todas as disciplinas, usam-se fichas-guia, que indicam o assunto ou o autor. Essa ficha poderá ter uma "pestana", isto é, ter um dos cantos mais alto que os demais, onde será anotado o assunto ou autor, para facilitar o manuseio. Cores diferentes também são usadas para a indicação da ficha-guia.

Para quem deseja maiores esclarecimentos sobre o assunto, são indicadas as seguintes obras:

ECO, Umberto. *Como se faz uma tese*. 3. ed. São Paulo: Perspectiva, 1986. (Capítulos 3 e 4, p. 35-111.)

LAKATOS, E. M., MARCONI, M. de A. *Metodologia do trabalho científico*. 4. ed. São Paulo: Atlas, 1992. (Capítulo 2, p. 43-75.)

SALOMON, Délcio Vieira. *Como fazer uma monografia*: elementos de metodologia do trabalho científico. 5. ed. Belo Horizonte: Interlivros, 1977. (Capítulo III, p. 237-249.)

SALVADOR, A. Domingos. *Métodos e técnicas de pesquisa bibliográfica*. 6. ed. rev. e aum. Porto Alegre: Sulina, 1977. (Capítulo II, item 2, p. 106-113.)

SPINA, Segismundo. *Normas gerais para os trabalhos de grau*. São Paulo: Fernando Pessoa, 1974. (O fichamento, p. 17-25.)

EXEMPLOS DOS DIVERSOS TIPOS DE FICHAS

a.1) *Ficha de indicação bibliográfica: autor*

LISPECTOR, Clarice.

Felicidade clandestina: contos. 4. ed. Rio de Janeiro: Nova Fronteira, 1981.

a.2) *Ficha de indicação bibliográfica: obra (ou título)*

Discurso de primavera e algumas sombras

ANDRADE, Carlos Drummond de. *Discurso de primavera e algumas sombras.* 2. ed. aum. Rio de Janeiro: J. Olympio, 1978.

a.3) *Ficha de indicação bibliográfica: assunto*

POESIA BRASILEIRA

MELO NETO, João Cabral de. *Agrestes*: poesia. 2. ed. Rio de Janeiro: Nova Fronteira, 1985.

b.1) *Ficha de transcrição*

FOLCLORE

LIMA, Rossini Tavares de. *A ciência do folclore*: segundo diretrizes da Escola de folclore. São Paulo: Ricordi, 1978. p. 15.

"A ciência folclórica considerou como objeto de seu estudo o fenômeno ou fato folclórico, cujas características foram fixadas, no decorrer de sua história, por numerosos folcloristas. A realidade da pesquisa de campo, porém, nos fez constatar que o fenômeno ou fato são vocábulos muito simplistas, para englobar linguagem, literatura, superstições e crendices, rodas e jogos etc., e, em consequência, fomos buscar na antropologia cultural a denominação 'complexo cultural', adicionando-lhe o 'espontâneo', e passamos a utilizar a fórmula 'complexo cultural espontâneo' em nossa linguagem científica." (...)

---

b.2) *Ficha de transcrição*

FOLCLORE/Artesanato

LIMA, Rossini T. de. *A ciência do folclore*: segundo diretrizes da Escola de folclore. São Paulo: Ricordi, 1978. p. 15-16.

"A indumentária também é artesanato, enquanto foi produzida para a venda, e é indumentária propriamente dita ao ser usada. A imagem do santo pode ser arte na casa do artista ou de alguém que a tem nas suas características decorativas; é manifestação de religião ao integrar um contexto religioso."

---

c) *Ficha de apreciação*

BARRAS, Robert. *Os cientistas precisam escrever*: guia de redação para cientistas, engenheiros e estudantes. Tradução de Leila Novaes e L. Hegenberg. São Paulo: T. A. Queiroz/EDUSP, 1979.

Obra específica para estudantes de engenharia ou para complementar manuais de Metodologia.

Apresenta indicações de como tomar apontamentos e preparar comunicações escritas e orais. Sugere técnicas de leitura e métodos para a apresentação de relatórios, teses, seminários, conferências e palestras. Indica normas para a utilização de tabelas, gráficos, fotografias e outros processos de ilustração.

d) *Ficha de esquema*

METODOLOGIA CIENTÍFICA I

Pesquisa bibliográfica – fases:

1. Escolha e delimitação do tema
2. Identificação das fontes (consulta a catálogos, fichários, *abstracts*)
3. Localização das informações: Leituras (prévia, seletiva, analítica, interpretativa)
4. Documentação – Fichamentos (resumos, transcrições, apreciações, indicações)
5. Seleção de material levantado
6. Planejamento do trabalho
7. Redação das partes
8. Revisão e redação final
9. Organização da bibliografia

e.1) *Ficha de resumo descritivo*

HECKLER, E.; BACK, S.; MASSING, E. *Dicionário morfológico da língua portuguesa.* São Leopoldo: Unisinos, 1984.

O dicionário, com cinco volumes e mais de 5.000 páginas, contém 85.486 palavras, dispostas em ordem alfabética. Inclui minucioso estudo da palavra, desde as origens, raiz e formação, sempre agrupadas em famílias. Os vocábulos são segmentados por traços; raiz, sufixo, prefixo, elemento de ligação. Ao indicar a origem da palavra, comprova que muitas vieram do sânscrito e outras línguas antigas, como o nórdico e o frísio, embora a maioria se tenha originado do latim. Entre as 36 línguas que contribuíram para a formação do vocabulário português incluem-se o grego e o tupi. Trata-se de um trabalho inédito no mundo e destina-se os estudiosos da língua e professores de português.

---

e.2) *Ficha de resumo descritivo:* **abstract**

COOPERATION AND CONTROL IN TEACHING: THE EVIDENCE OF CLASS-ROOM QUESTIONS

Ângela B. KLEIMAN (Universidade Estadual de Campinas) D.E.L.T.A. São Paulo: EDUC, v. 8, nº 2, p. 187-203, ago. 1992.

ABSTRACT: Neste trabalho, analisamos a interação professor-aluno em duas aulas, tomando como unidade de análise a pergunta do professor. Tentamos determinar os modos como a assimetria do evento pedagógico se manifesta na pergunta pedagógica, forma esta considerada constitutiva da interação professor-aluno. Mediante um enfoque pragmático baseado em Mey (1985, 1987), discutimos as implicações e consequências para o ensino e aprendizagem de dois estilos de ensino comumente utilizados na escola primária brasileira: o enfoque centrado no livro didático e o enfoque centrado no professor.

BASÍLIO, Margarida. *O fator semântico na derivação parassintética*: a formação de adjetivos. D.E.L.T.A. São Paulo, v. VIII, nº 1, p. 71-89, fev. 1992.

ABSTRACT: This paper proposes a morphosemantic approach to parasynthesis and establishes this process as productive in adjective formation in Portuguese. The author studies Pref-X-ado, in-X-vel and Pref-x-Suf (adj) formations and argues that only assigning parasynthetic structures to these constructions can we account for the semantic interpretation of such complex adjective formations.

Observação: geralmente, trabalho em inglês apresenta *abstract* em português; trabalho em português apresenta *abstract* em inglês ou francês (*résumé*).

f) *Ficha de ideias sugeridas pelas leituras*

CASTRO, Walter de. *Metáforas machadianas*: estruturas e funções. Rio de Janeiro: Ao Livro Técnico: Brasília: INL, 1977.

A leitura dessa obra sugeriu a ideia de pesquisar a possibilidade de empreender um estudo das comparações em IRACEMA, de José de Alencar, procurando distinguir o que é metáfora, comparação e símile.

4.5 Seleção do material

No desenvolvimento da pesquisa bibliográfica, procura-se consultar o maior número de obras relativas ao assunto que se vai abordar. Concluído o levantamento bibliográfico, torna-se indispensável fazer uma seleção, pois muitas das anotações repetirão pontos de vista coincidentes de vários autores; outras não se encaixam exatamente no enfoque que se pretende adotar; outras, ainda, podem estabelecer controvérsias indesejáveis.

A seleção do material bibliográfico coletado deve ser feita em dois níveis: num primeiro momento, escolhe-se o material que poderá constituir-se em fonte ou subsídio para a elaboração do trabalho.

Numa segunda etapa, classifica-se o material que pode ser utilizado nas partes do trabalho: o que será aproveitado na Introdução, ou na Conclusão ou na argumentação. Ao mesmo tempo, selecionam-se fichas de transcrições, que poderão transformar-se em citações, nas diversas partes do texto, mas que serão também objeto de classificação.

Tais procedimentos serão abordados mais detalhadamente, ao tratar-se da elaboração dos trabalhos de graduação.

4.6 Plano do trabalho

De posse do material selecionado, elabora-se o plano provisório do trabalho, estabelecendo-se um esquema de redação.

O plano de redação deverá ser bem especificado, pois servirá como guia, orientando o desenvolvimento do trabalho e, ao mesmo tempo, evitando divagações, dispersões ou mudanças de rumos.

Muitas vezes, sente-se que determinado tópico do plano empolga o autor, que inadvertidamente pode alongá-lo sem necessidade, prejudicando o equilíbrio entre as partes e, por conseguinte, a harmonia global do trabalho.

Um plano minucioso, bem elaborado, além de facilitar o trabalho de redação, evitará as dispersões e o acúmulo de informações desnecessárias.

4.7 Redação das partes

Se o plano de redação foi bem elaborado, não importa em que ordem as partes serão redigidas: pode-se começar pela conclusão, ou pelas partes do desenvolvimento, como parecer mais conveniente.

Nos trabalhos de maior porte, como teses e dissertações de mestrado, a Introdução é a última parte a ser redigida. Isto porque, na Introdução apresenta-se a ideia geral do trabalho, anunciando partes principais. Qualquer mudança de rumo ou de organização do plano deverá ser corrigida na introdução. Assim sendo, torna-se mais prático redigi-la depois de concluído trabalho.

O importante e indispensável é o entrosamento entre as partes, de modo que uma suceda naturalmente à outra, mantendo uma linha de raciocínio lógica, coerente e clara.

O conteúdo das partes de um trabalho será enfocado, com maiores esclarecimentos, mais adiante.

4.8 Leitura crítica para a redação final

A redação das partes de um trabalho é sempre um rascunho, uma redação prévia. Não se deve jamais considerar pronta uma redação em sua primeira versão. Na opinião de alguns professores, só depois da terceira tentativa, no mínimo, é que se deve dar por definitiva uma redação.

De qualquer maneira, depois de concluída a redação prévia das partes, faz-se uma leitura crítica, para corrigir possíveis erros de redação ou de argumentação, preparando-se a redação final. Com essa leitura crítica procura-se verificar, também, a articulação entre as partes do trabalho, para que se evidencie uma linha lógica de raciocínio.

Aconselha-se terminar a redação com certa antecedência, guardar o trabalho por uma ou duas semanas para depois submetê-lo à revisão crítica. Esta sugestão utópica nem sempre é aceita, por exiguidade do prazo para entrega do trabalho ou por falta de planejamento – muitas vezes deixa-se tudo para a "última hora". Mas é indispensável, pelo menos, rever a redação das partes, fazer a redação final e revisá-la, antes de providenciar sua apresentação escrita.

4.9 Organização da bibliografia

Habitualmente, procede-se ao levantamento bibliográfico antes de estabelecer-se um plano, ainda que provisório, de trabalho. O plano provisório, usualmente, está sujeito a modificações, que determinam o aproveitamento (ou não) de obras referentes ao assunto, que foram consultadas, lidas e fichadas.

A consequência de tais fatos é que, em geral, não se aproveita integralmente em um trabalho todo o material bibliográfico levantado; pode-se afirmar, sem receio de cometer um exagero, que apenas um terço das obras analisadas é efetivamente utilizado. Desse terço, pouquíssima coisa será transformada em citações, que, por norma, não devem ser muito abundantes. Portanto, a bibliografia realmente referida no texto de um trabalho constitui uma parcela muito diminuta daquela que foi efetivamente consultada, lida e fichada.

Na organização da bibliografia, que deve encerrar a apresentação escrita de um trabalho, obviamente serão descartadas as obras preteridas, por não conterem informações essenciais para o desenvolvimento do assunto. As demais, ainda que não tenham sido utilizadas no trabalho, mas que foram analisadas e que se referem ao assunto, devem constar da bibliografia.

Em termos de estrutura, pode-se organizar a bibliografia por áreas do conhecimento, por tipos de obras (dicionários, manuais, gramáticas etc.), por títulos ou por autores, mas o mais comum, e também o mais prático, é adotar a ordem alfabética dos sobrenomes dos autores citados ou consultados.

As indicações bibliográficas devem obedecer às normas da ABNT (Associação Brasileira de Normas Técnicas) que, em 2002, com a norma NBR 6023, fixou os elementos que devem fazer parte da identificação de uma obra, seja livro, revista, monografia, tese, documento eletrônico, artigo etc. Nessa norma, faz-se distinção entre elementos essenciais e complementares de uma obra. Nos cursos de graduação, as indicações bibliográficas podem limitar-se às essenciais.

São considerados essenciais numa indicação bibliográfica os seguintes elementos:

- Autor
- Título da obra
- Edição
- Local da publicação
- Editora
- Ano da publicação

Exemplo:

BECHARA, E. *Moderna gramática portuguesa*. 37. ed. rev. e ampl . Rio de Janeiro: Lucerna, 1999.

Notas:

Autor: o nome do autor deve ser indicado pelo último sobrenome, em maiúsculas, seguido de vírgula; não se consideram sobrenomes as relações de parentesco: FILHO, JÚNIOR, SOBRINHO, NETO etc. Exemplo: LIMA SOBRINHO, Barbosa; SILVA NETO, Serafim da. Os prenomes poderão ser abreviados ou não, no todo ou em parte.

Ex.: CÂMARA JR., J. M., ou CÂMARA JR., J. Mattoso, ou CÂMARA JR., Joaquim Mattoso. Indica-se o nome como aparece na publicação. Exemplo: ASSIS, Machado de, e não ASSIS, Joaquim Maria Machado de. Há sobrenomes que não podem ser separados: CASTELO BRANCO, ESPÍRITO SANTO, SANT'ANA etc.

Título da obra: *grifado* ou <u>sublinhado</u>. O título deve ser transcrito tal como aparece na obra, usando-se maiúsculas apenas para a letra inicial do título e dos nomes próprios. Considera-se grifo o emprego de qualquer tipo diferente: **bold**, *itálico* ou um outro tipo de fonte. O subtítulo deve ser precedido de dois-pontos e não precisa ser grifado.

Edição: indica-se a partir da segunda, sem o numeral ordinal: 3. ed.; 5. ed.; 10. ed.

Local: onde foi editada a obra, sem abreviaturas, seguido de dois-pontos. Exemplos: São Paulo:, e não S. Paulo ou S.P; Belo Horizonte: e não B. Horizonte ou B.H.

Se houver editoras em cidades com o mesmo nome em Estados ou países diferentes, acrescenta-se a sigla do Estado ou país. Exemplo: Viçosa, MG:; Viçosa, AL:; Viçosa, RJ:.

Quando há vários locais, escolhe-se o mais conhecido ou mais importante. Ex.: Globo: Porto Alegre, São Paulo ou Rio de Janeiro.

Editora ou editores: o nome do editor deve figurar sem a razão social, ou seja, não se usam as palavras: editora, livraria, papelaria; não se anotam nomes de parentescos para indicar a editora: Fulano & Filho; Lello & Irmão; Irmãos Beltrano & Cia. O nome deve ser abreviado: J. Olympio e não Editora José Olympio ou José Olympio; FGV ou Fundação G. Vargas; EDUSP ou Editora da Universidade de São Paulo; segue-se vírgula.

Data: ano da publicação, em algarismos arábicos, sem ponto no milhar, e ponto.

Observações:

- O alinhamento das referências bibliográficas, digitadas em espaço simples, deve ser feito pela margem esquerda (sem recuo de três letras), com espaço duplo entre uma referência e outra.
- Na impossibilidade de identificar o autor (obra sem autoria declarada), faz-se a entrada pelo título da obra. Não se usa o termo *anônimo* para substituir o autor desconhecido.

Exemplo:

O OLHAR e o ficar: a busca do paraíso. 170 anos de imigração dos povos de língua alemã. São Paulo: Pinacoteca do Estado, 1994. 50 p.

- Se o autor usar pseudônimo, registra-se o que consta na obra. Exemplo: Alceu Amoroso Lima (nome); Tristão de Athayde (pseudômino):

ATHAYDE, Tristão de. *Primeiros estudos. Contribuição à história do modernismo*: o pré-modernismo. Rio de Janeiro: Agir, 1948.

LIMA, Alceu Amoroso. *Quadro sintético da literatura brasileira*. Rio de Janeiro: Agir, 1959.

- No caso de dois ou três autores, os nomes são separados pelo ponto-e-vírgula.

Exemplo:

DIMENSTEIN, Gilberto; KOTSCHO, Ricardo. *A aventura da reportagem*. São Paulo: Summus, 1990.

LAKATOS, E. M.; MARCONI, M. de A. *Metodologia científica*. 2. ed. rev. e aum. São Paulo: Atlas, 1991.

- Mais de três autores: indica-se o primeiro e acrescenta-se a expressão latina *et al.* (e outros).

Exemplo:

DUBOIS, J. et al. *Retórica geral*. Tradução Carlos Felipe Moisés, Duílio Colombini e Elenir de Barros; coord. e revisão geral da tradução: Massaud Moisés. São Paulo: Cultrix; Edusp, 1974.

- Dois locais e duas editoras são separados pelo ponto-e-vírgula.

Exemplo:

JOTA, Zélio dos Santos. *Dicionário de linguística*. 2. ed. Rio de Janeiro: Presença; Brasília: INL, 1981.

- Usa-se um traço (equivalente a 6 toques) e ponto para não repetir o nome de um autor de várias obras.

Exemplo:

GIL, Antônio Carlos. *Metodologia do ensino superior*. São Paulo: Atlas, 1990.

_____. *Técnicas de pesquisa em economia*. São Paulo: Atlas, 1988.

_____. *Métodos e técnicas de pesquisa social*. São Paulo: Atlas, 1987.

Autor-entidade: quando a autoria é atribuída a uma entidade, secretaria de Estado, firma ou empresa, sem a indicação nominal de autor(es), a entrada se faz pelo nome da entidade.

Exemplos:

IBICT. *Manual de normas de editoração do IBICT*. 2. ed. Brasília (DF), 1993.

INTERNATIONAL ORGANIZATION FOR STANDARDIZATION (ISO). *Documentation. Presentation of contributions to periodicals and other serials*. ISO 215. Genebra, 1986.

_____. *Documentation. Abstracts for publications and documentation*. ISO 214. Genebra, 1976.

- Se o livro não tem ficha catalográfica e não foi possível identificar o local por outros meios (contracapa, prefácio, data de impressão, (data do *copyright*, sumário etc.), anota-se "s. 1." (sem local).

- Se não for identificado o editor, anota-se "s.n." (*sine nomine*).

- Quando a data da publicação é inferida de outra fonte que não a ficha catalográfica, deve aparecer entre colchetes. Exemplo: FERREIRA, Aurélio B. de H. *Novo dicionário da língua portuguesa*. Rio de Janeiro: Nova Fronteira, [1975] (esta é a 1ª edição).

Caso não conste na obra a data de publicação, anota-se uma **data aproximada**, entre colchetes:

> [1969?] = data provável;
> [ca.1960] = data aproximada;
> [197] = década certa;
> [197-?] década provável;
> [18 --] = século certo;
> [18 --?] = século provável.

A nova norma 6023/2002 da ABNT **não autoriza** o emprego do "s.d." (sem data).

- Obras com mais de um volume têm a indicação do número de volumes, após a data, em algarismo arábico, seguido da abreviatura "v.". Exemplos: 5 v.; 2 v.; 3 v. etc.

Embora não seja elemento essencial o número de páginas da obra referenciada, quando essa indicação for necessária, como na referência de parte ou capítulo, abrevia-se página (p.) e coloca-se hífen entre os algarismos. Ex.: p. 25-32.

- O nome do tradutor é indicado na ordem direta, após o título, com a palavra Tradução, por extenso, sem preposição ou dois-pontos em seguida. (Tradução Isa Rios).

- Organização (Org.) ou coordenação (Coord.) deve ser indicada entre parênteses após o nome do autor (no caso, Org. ou Coord.).

- A indicação de série ou coleção (Col.) é feita entre parênteses, após as demais indicações.

Os **elementos complementares** da referência são:

- Ilustrador (il.)
- Tradutor (Tradução, por extenso)
- Revisor (rev.)
- Adaptador (adap.)

- Compilador (comp.)
- Número de páginas (p.)
- Volume (v.)
- Ilustrações (il.)
- Dimensões (altura em cm)
- Série editorial ou Coleção
- Notas (mimeografado; no prelo; não publicado; título do original etc.)
- ISBN (International Standard Book Numbering)
- Índices (remissivo, de assuntos etc.)

Exemplos:

HOUAISS, Antônio. *Elementos de bibliologia*. Rio de Janeiro: INL/MEC, 1967 2 v.

GREIMAS, A. J.; COURTÉS, J. *Dicionário de semiótica*. Tradução de Alceu Dias Lima et al. São Paulo: Cultrix, [1979?].

SHELDON, Sidney. *Um estranho no espelho*. Tradução Ana Lúcia Deiró Cardoso. São Paulo: Círculo do Livro, 1981. 296 p. Título original: *A stranger in the mirror*.

SAADI. *O jardim das rosas*. Tradução de Aurélio Buarque de Holanda. Rio de Janeiro: J. Olympio, 1944. 124 p. il. Versão francesa de Franz Toussaint. Original árabe (Coleção Rubayat).

CASSIRER, Ernst. *Linguagem e mito*. São Paulo: Perspectiva, 1972. 131 p. 20,5 cm. (Série Debates 50).

FERRAZ, Augusto. *Memória dos condenados*: contos. Rio de Janeiro: Civilização Brasileira, 1983. 150 p. (Coleção Vera Cruz. Literatura Brasileira, nº 349).

VICENTE, Gil. *Auto da alma*. Notas de Idalina Resina Rodriguez. Lisboa: Seara Nova, 1980.

- **Indicação de um capítulo ou parte**

O capítulo (ou parte) é indicado da seguinte maneira:

Elementos:

SOBRENOME e Nome;

título do capítulo ou parte, sem grifos;

em seguida, a expressão In: (dois pontos e espaço) e um traço equivalente a seis toques, para indicar que o autor da parte é o mesmo da obra.

edição, local, editora, data e ponto final.

Seguem-se a localização da parte ou Cap., nº da p. inicial e final.

Exemplos:

a) autor da parte igual ao autor da obra

ANDRADE, M. M. de; MEDEIROS, J. B. Unidade de composição do texto: o parágrafo. In: _____; _____. *Comunicação em língua portuguesa*: para os cursos de jornalismo, propaganda e letras. 2. ed. São Paulo: Atlas, 2000. Cap. 5, p. 205-231.

RUIZ, João Álvaro. Como elaborar trabalhos de pesquisa. In: _____ *Metodologia científica*: guia para eficiência nos estudos. 3. ed. São Paulo: Atlas, 1991. Cap. 3, p. 48-86.

b) autor da parte diferente do autor da obra

BARBOSA, M. A. Lexicologia: aspectos estruturais e sintático-semânticos. In: PAIS, C. T. et al. *Manual de linguística*. Petrópolis: Vozes, 1979. p. 81-118.

• Indicação de artigo de jornal

a) com autoria

Elementos:

SOBRENOME, vírgula, nome, ponto;

título do artigo, sem grifos, ponto;

título do jornal (grifado), ponto;

local, dois-pontos e data da publicação, ponto;

seção, caderno e número da página, ponto.

Quando não houver seção, caderno ou parte, o número da página antecede a data.

Exemplo:

CONY, Carlos Heitor. Justa causa. *Folha de S. Paulo*, São Paulo, 17 jun. 2001. Caderno A, p. 2.

b) artigo de jornal não assinado:

nome do artigo, com a primeira palavra em maiúsculas;

título do jornal, grifado;

local e data;

seção, caderno ou parte e número da página.

Exemplo:

O AVANÇO da tuberculose. O *Estado de S. Paulo*, São Paulo, 5 jun. 2001. Caderno A, p. 3

Observação: quando não houver Seção ou Caderno, o número da página precede a data.

* **Indicação de revistas, artigos de revistas e separatas**

Elementos:

Título da revista, em maiúsculas, ponto;

Local, dois pontos, editora, vírgula;

Ano da publicação e periodicidade.

Exemplo:

REVISTA DE ESTUDOS ACADÊMICOS – UNIBERO. São Paulo: Unibero, 1994. Semestral.

Número especial de revista:

BIOÉTICA. Desafios da Bioética no século XXI: Simpósio. Brasília: Conselho Federal de Medicina, v. 7, n. 2, 1999.

Para referenciar partes de uma publicação periódica anotam-se os seguintes elementos:

Título da parte;

Local de publicação e editora;

numeração do ano e/ou volume;

numeração do fascículo ou volume;

períodos e datas da publicação e outras informações que identificam a parte.

Exemplos:

KUAZAQUI, E. Desenvolvimento de produtos e serviços e respectivo gerenciamento do ciclo de vida. *Boletim de Turismo e Administração Hoteleira*. São Paulo: Centro Universitário Ibero-Americano, v. 9, n. 2, p. 38-49, out. 2000.

SUCUPIRA, Newton. Definição dos cursos de pós-graduação. *Documenta*. Rio de Janeiro: Conselho Federal de Educação, n. 44, p. 67-86, dez. 1965.

66 Introdução à Metodologia do Trabalho Científico • Andrade

Artigo não assinado:

QUALIDADE da água não é controlada. *Consumidor S.A.* Revista do Instituto Brasileiro de Defesa do Consumidor (Idec), São Paulo, n. 56, p. 16, fev. 2001.

Separatas:

LIMA, Elon Lages et al. Esboço da situação da matemática no Brasil. São Paulo, 1966. Separata de *Ciência e Cultura*, São Paulo, n. 18, v. 1, p. 45-47, mar. 1966.

LAFRANCE, Y. O discurso do método de René Descartes. Separata da *Revista da Universidade Católica de São Paulo*, v. XXIV, fasc. 43-44, p. 391-432, set./dez. 1962.

- **Indicação de eventos e trabalhos publicados em eventos**

a) Para referenciar o evento inteiro, anotam-se os seguintes elementos:

  Nome do evento e numeração;

  Ano e local da realização;

  Título do documento (anais, atas, simpósio, resumos ou *proceedings*);

  Local de publicação;

  Editora e data.

CONGRESSO IBERO-AMERICANO DE TRADUÇÃO E INTERPRETAÇÃO – I CIATI. 1998, São Paulo. **Anais**/Proceedings/Anales... São Paulo: Unibero, maio 1998.

REUNIÃO ANUAL DA SOCIEDADE BRASILEIRA PARA O PROGRESSO DA CIÊNCIA, 49. 1997, Belo Horizonte. **Anais...** Comunicações, v. 2. Belo Horizonte: UFMG, 1997.

b) trabalho apresentado em evento:

  autor;

  título (e subtítulo) do trabalho, seguido de In:;

  título e numeração do evento;

  ano e local da realização;

  título do documento (anais, atas etc.);

  local, editora e data;

  página inicial e final da parte referenciada.

Exemplos:

FERREIRA, Eliane Fernanda C. Coreografias do traduzir de Haroldo de Campos. In: CONGRESSO IBERO-AMERICANO DE TRADUÇÃO E INTERPRETAÇÃO, I. 1998, São Paulo. **Anais...** São Paulo: Unibero, 1998, p. 178-182.

ANDRADE, M. M. de. O ensino do vocabulário técnico-científico no 3º grau. In: GRUPO DE ESTUDOS LINGUÍSTICOS DO ESTADO DE SÃO PAULO, XLIII Seminário. 1995, Ribeirão Preto. **Resumos...** Ribeirão Preto: Unaerp, 1995, p. 106.

- **Indicação de trabalhos acadêmicos: monografia, dissertação e tese**

Elementos:

SOBRENOME, nome do autor;

Título do trabalho, grifado;

Data e número de folhas (260 f.)

Tipo de trabalho (monografia, dissertação ou tese);

Grau, entre parênteses (Doutorado em História, Mestrado em Turismo etc.);

Vinculação acadêmica: Faculdade tal, da Universidade tal;

Local e data da defesa.

Exemplos:

COSTA, Terezinha Otaviana Dantas da. *Avaliação do corpo docente no contexto da avaliação institucional*: reflexão crítica a partir do discurso de docentes de uma instituição de 3º grau. 1996. 179 f. Dissertação (Mestrado em Administração). Universidade Mackenzie, São Paulo, 1996.

BATISTA, Maria de Fátima B. de Mesquita. *O romanceiro tradicional no Nordeste do Brasil*: uma abordagem semiótica. 1999, 2 v. 862 f. Tese (Doutorado em Semiótica e Linguística Geral). Faculdade de Filosofia, Letras e Ciências Humanas, Universidade de São Paulo, São Paulo, 1999.

AOUN, Sabah. *A procura do paraíso no universo do turismo*. 1999. 177 f. Dissertação (Mestrado em Turismo). Pontifícia Universidade Católica, São Paulo, 1999.

- **Indicação de documentos eletrônicos**

As referências de documentos eletrônicos seguem, em geral, o modelo de referências bibliográficas, acrescentando-se informações relativas à descrição física do meio ou suporte.

Para as obras consultadas *on-line* são essenciais as informações sobre o endereço eletrônico, apresentado entre <*brackets*>, precedido da expressão *Disponível em*: e a data de acesso ao documento, precedida da expressão: *Acesso em:*.

Exemplos:

ASSIS, Machado de. *Memórias póstumas de Brás Cubas*. São Paulo: Biblioteca Folha – Ediouro, 1995. Introdução e Notas Ivan Cavalcanti Proença. Disponível em: <http://www.bn.br/bibvirtual/acervo/brascubas/zip>. Acesso em: 18 jun. 2001.

BARRETO, Lima. *O triste fim de Policarpo Quaresma*. 17. ed. São Paulo: Ática. Disponível em: <http://www.bibvirt.futuro.usp.br/acervo.literatura/autores>. Acesso em: 18 jun. 2001.

Parte de um trabalho (Coletânea):

MACEDO, Ana Vera L. da Silva. Estratégias pedagógicas: a temática indígena e o trabalho em sala de aula. In: SILVA, Aracy Lopes da; GRUPIONI, Luís Donisete Benzi (Org.). *A temática indígena na escola*: novos subsídios para professores de 1º e 2º graus. Disponível em: <http://www.bibvirt.futuro. usp.br/acervo/paradidat/tematica/tematica.html>. Acesso em: 18 jun. 2001.

Jornal científico:

JORNAL DO CFO. Rio de Janeiro, ano IX, n. 43, mar./abr. 2001. Disponível em: <http://www.cfo.org.br>. Acesso em: 18 jun. 2001.

Artigo de jornal:

DUARTE, Sérgio Nogueira. Língua viva. *Jornal do Brasil*, Rio de Janeiro, 17 jun. 2001. Disponível em: <http://www.jb.com.br/jb/papel/colunas/lingua/>. Acesso em: 12 jul. 2001.

Artigo de jornal não assinado

TEORIA e prática. *Jornal do Brasil*, Rio de Janeiro, 19 jun. 2001. Disponível em: < http://www.jb.com.br/jb/papel/editorialistas >. Acesso em: 12 jul. 2001.

Artigo de revista *on-line*

BORGES, M. Alice Guimarães. A compreensão da sociedade da informação. In: CIÊNCIA DA INFORMAÇÃO. Brasília, DF, v. 26, n. 3, 2000. Disponível em: <http://www.ibict.br/cionline>. Acesso em: 18 jun. 2001.

Documentos disponíveis em CD-ROM
Eventos:

REUNIÃO ANUAL DA SBPC, 52. Resumos. Brasília: Sociedade Brasileira para o Progresso da Ciência, 2000. 1 CD-ROM.

CONGRESSO BRASILEIRO DE CIÊNCIA E TECNOLOGIA, 16, 1998, Rio de Janeiro. *Alimento, população, desenvolvimento*. Rio de Janeiro: SBCTA, 1998. 1 CD-ROM.

Trabalhos apresentados em eventos:

CARNEIRO, F. G. Numerais em esfero-cristais. In: REUNIÃO ANUAL DA SOCIEDADE BRASILEIRA PARA O PROGRESSO DA CIÊNCIA, 49, 1997, Belo Horizonte. *Anais...* Belo Horizonte: Editora da UFMG, 1997. 1 CD-ROM.

Enciclopédia:

KOOGAN, A.; HOUAISS, A. (Ed.) *Enciclopédia e dicionário digital 98*. Direção geral André Koogan Breikmam. São Paulo: Delta: Estadão, 1998. 5 CD-ROM.

5

Fases da elaboração dos trabalhos de graduação

5.1 Escolha do tema

A escolha do tema é fator de máxima importância, pois dela depende o bom êxito do trabalho a ser desenvolvido. Bons temas podem surgir de leituras realizadas, muitas vezes para outras pesquisas, ou de artigos de revistas e jornais; de conversações ou de comentários sobre trabalhos de colegas; de debates e seminários; de experiências pessoais ou da curiosidade sobre determinado assunto ou ainda das reflexões acerca de algum tópico abordado nas diferentes disciplinas do curso. A consulta a catálogos de editoras, fichários de bibliotecas, verbetes de enciclopédias ou de dicionários especializados oferece sugestões aproveitáveis para temas de trabalhos ou pesquisas.

Muitas vezes, vale a pena fazer uma pesquisa exploratória, isto é, verificar se há possibilidade de elaborar um bom trabalho sobre determinado tema. Essa verificação começa pela bibliografia a respeito do assunto; é preciso pesquisar se há fontes fidedignas e de fácil acesso. Pode ocorrer que as fontes de pesquisa se constituam de livros raros, esgotados, de obras publicadas em outro idioma, de preço muito elevado e que não fazem parte do acervo das bibliotecas que podem ser facilmente consultadas. O acesso a uma boa bibliografia é requisito indispensável para a realização de um bom trabalho.

O tema deve corresponder ao gosto, às aptidões ou à vocação e aos interesses de quem vai abordá-lo. Elaborar um trabalho sobre um tema que não desperta o interesse, que não corresponde ao gosto do autor, pode transformar-se em tarefa demasiadamente pesada.

Quanto ao assunto, não deve ser fácil demais nem muito complexo, isto é, deve ser adequado à capacidade intelectual do aluno. Temas sobre os quais existam vários e exaustivos trabalhos devem ser evitados, pois corre-se o risco de repetir tão somente o que já foi dito sobre o assunto.

Acima de tudo, é fundamental que o assunto seja relevante, que seu estudo apresente alguma utilidade, alguma importância prática ou teórica.

Ainda que não se trate de trabalho original, mas de resumo de assunto, exige-se uma certa criatividade no enfoque do tema, ou seja, o trabalho deve ser apresentado de um ponto de vista original, trazer alguma contribuição nova, algo que ainda não foi dito a respeito do assunto.

Finalmente, devem ser considerados os aspectos práticos, relativos ao tempo disponível para o desenvolvimento do trabalho e, se for o caso, os custos, que englobam aquisição de obras indispensáveis, cópias xerográficas, ilustrações, trabalhos de datilografia ou digitação etc.

5.2 Delimitação do assunto

Escolhido o tema, torna-se necessário delimitá-lo, fixar sua extensão ou abrangência e profundidade. Quanto mais delimitado um assunto, maior é a possibilidade de aprofundar a abordagem.

Note-se que para delimitar um tema, é indispensável conhecer, pelo menos genericamente, o assunto. Por isso, fica mais fácil delimitar o tema após algumas leituras exploratórias.

Os alunos, de modo geral, tendem a escolher temas muito abrangentes, como por exemplo: "O modernismo na literatura brasileira" ou "A obra de Carlos Drummond de Andrade", ou "A poesia de Fernando Pessoa", ou "Vida e obra de Machado de Assis" etc. São temas muito interessantes, mas que dariam assunto para cursos de vários semestres...

A análise de um poema de um autor daria ensejo para referências à escola literária a que pertence, a sua obra no contexto sócio-político-cultural de sua época e a outras observações interessantes, que contribuiriam para o aprofundamento da abordagem do assunto. Isto, certamente, traria algum fato novo, uma "descoberta", alguma contribuição para o enfoque do tema, sob um novo ponto de vista. No caso do tema mais abrangente, um trabalho de literatura, por exemplo, ficaria na superficialidade, apontando, numa visão panorâmica dos fatos, o que todo estudante de segundo grau já está cansado de saber.

Para auxiliar a tarefa de delimitação do tema, procura-se fixar circunstâncias, especialmente de tempo e de espaço, ou ainda políticas, sociais, econômicas; pode-se também situar o assunto no quadro histórico e geográfico.

Delimitar, portanto, corresponde a selecionar aspectos de um tema, limitando a escolha a um deles, para que o assunto seja tratado com a suficiente profundidade, que se espera dos trabalhos de graduação.

5.3 Pesquisa bibliográfica: leituras e fichamentos

A pesquisa bibliográfica deve começar pelas obras de caráter geral: enciclopédias, anuários, catálogos, resenhas, *abstracts*, que indicarão fontes de consulta mais específicas.

De posse de uma lista com indicações bibliográficas sobre o assunto que se pretende focalizar, procede-se ao levantamento das obras que serão objeto das leituras e anotações.

A leitura prévia, ou pré-leitura, possibilitará uma primeira seleção das obras que passarão pela leitura seletiva.

Na leitura seletiva serão localizadas as obras ou capítulos ou partes que contêm informações úteis para o trabalho em questão.

A leitura crítica ou reflexiva permite a apreensão das ideias fundamentais de cada texto. Esta é a fase mais demorada da pesquisa bibliográfica, pois as anotações devem ser feitas somente após a compreensão e apreensão das ideias contidas no texto. São necessárias muitas leituras, para destacar o indispensável, o complementar e o desnecessário no texto lido. Não se pode sublinhar um livro pertencente à biblioteca; portanto, as anotações serão feitas primeiramente em folhas avulsas, depois lidas, selecionadas para serem transcritas em fichas.

As anotações em fichas compreenderão resumos, análises, transcrições de trechos, interpretações, esquemas, ideias fundamentais expostas pelos autores, tipos de raciocínio, frases que ocorrem, para a redação da introdução ou da conclusão etc.

Os fichamentos devem ser elaborados conforme as sugestões contidas em: 4.4: DOCUMENTAÇÃO DOS DADOS; 4.4.1: Fichas: tamanhos e conteúdos e 4.4.2: Uso das fichas e organização dos fichários.

5.4 Seleção do material coletado

Um método prático de proceder à seleção do material coletado consiste em expor, sobre uma mesa grande, as fichas e anotações, que serão selecionadas e organizadas, de acordo com os seguintes critérios:

74 Introdução à Metodologia do Trabalho Científico • Andrade

a) separam-se primeiro as fichas que contêm subsídios ou informações úteis para o trabalho, de maneira geral, descartando-se as que repetem informações. Este procedimento corresponde a uma primeira seleção;

b) selecionam-se as anotações, classificando-as, com vistas à redação das diversas partes do trabalho: fichas cujo conteúdo poderá ser aproveitado na introdução, ou na conclusão, ou na argumentação;

c) as fichas de transcrições serão selecionadas em duas etapas: primeiro as que serão aproveitadas em citações; depois, especifica-se em que parte da redação cada citação poderá ser incluída. Esta seleção inclui a escolha seletiva dos trechos transcritos, que muitas vezes correspondem às mesmas ideias, expostas por autores diferentes. As fichas que não forem classificadas voltarão para o rol correspondente ao item b.

Após a seleção e classificação de todo o material levantado na pesquisa bibliográfica, executa-se a etapa seguinte.

5.5 Reflexão

Os alunos muitas vezes ficam assustados, ou pelo menos acham estranho, quando se propõe a REFLEXÃO como uma das etapas da elaboração dos trabalhos. Na verdade, porém, ela é fundamental e indispensável. Antes de fazer o esboço ou plano provisório da redação, é necessário refletir sobre o trabalho que se vai realizar.

Assim como, ao construir-se um edifício, é preciso, antes de fazer a planta, imaginar o tamanho, o número de andares, as subdivisões de cada andar etc. para depois planejar e construir os alicerces, de acordo com o tipo de edificação, também é indispensável, antes de elaborar um plano de redação, imaginar o tipo de abordagem; os tópicos que serão focalizados e quais os que merecerão maior ênfase; como se pretende conduzir o desenvolvimento, isto é, em quantas partes o texto será dividido, quais os elementos que poderão ser utilizados na argumentação etc.

Somente depois de um período de reflexão, cujo objetivo será "visualizar" o trabalho, como deverá ficar depois de concluído, é que se fará um esquema ou plano provisório de redação.

5.6 Planejamento do trabalho

Tal como ocorre no caso da pesquisa bibliográfica, um trabalho de graduação não poderá ser realizado, sem que antes se elabore um plano geral, escrito, especificando todas suas partes.

O planejamento inicial é sempre provisório, porque, no decorrer da elaboração do trabalho, sempre se faz alguma modificação, seja por necessidade de organizar logicamente as partes, ou por reformulações suscitadas pela releitura do material selecionado.

O importante é que se faça um plano, o mais minucioso possível, indicando as partes, os tópicos, os elementos que constarão das diferentes partes do trabalho. O plano servirá para conduzir e orientar a redação prévia, mas não corresponderá, obrigatoriamente, ao sumário do trabalho, uma vez que será muito mais específico e minucioso.

5.7 Redação prévia das partes

A redação de um trabalho não precisa, necessariamente, começar pela introdução. Um plano de redação bem detalhado torna possível redigir o trabalho por partes, para depois ordená-lo convenientemente. Este procedimento é especialmente recomendado quando se trata da redação de um trabalho de grupo, pois cada um de seus componentes pode encarregar-se de redigir uma das partes e depois, em conjunto, após uma leitura crítica, todos colaboram na redação do texto definitivo. Dessa maneira, fica mais fácil manter a unidade do estilo e a coerência entre as partes do texto.

Quando o trabalho é individual, pode-se adotar o mesmo procedimento, contudo, torna-se necessário lembrar que a primeira redação deve sofrer críticas e revisões, até chegar-se a uma versão final.

Nunca uma primeira redação pode ser dada como definitiva: é indispensável a redação prévia das partes e outra redação global do trabalho. Esta redação deverá ser revista, criticada, uma ou duas vezes, para que se possa considerá-la como definitiva.

5.8 Revisão do conteúdo e da redação

Concluída a redação prévia das partes e a redação global do trabalho, faz-se uma leitura crítica, para revisão geral, não apenas da redação, mas também do conteúdo, das ideias expressas no texto.

Essa revisão, portanto, não deve restringir-se aos aspectos redacionais, tais como vocabulário, ortografia, concordância, extensão das frases, clareza, enfim, correção estilística e gramatical. Os conceitos, a clareza das ideias, a lógica da argumentação, a articulação e o equilíbrio entre as partes também devem ser objeto de avaliação para revisão.

Para que a leitura crítica seja mais proveitosa, aconselha-se esperar algum tempo, que pode ser um, dois dias, ou uma semana, para fazer a revisão do trabalho. É bem verdade que, segundo o costume firmemente arraigado entre nós, brasileiros, os trabalhos são feitos na última hora, quando são feitos dentro dos prazos estipulados. Entretanto, fica a sugestão e, quem se dispuser a adotá-la, verá que os resultados são realmente compensadores.

5.9 Redação final e organização da bibliografia

Terminada a revisão, procede-se à redação final. Ao realizar-se esta redação, inevitavelmente, encontra-se alguma coisa que deve ser alterada: uma palavra repetida na mesma frase, um termo que se julga deslocado no contexto ou uma dúvida de ortografia que foi corrigida. Essas alterações devem ser feitas com muito cuidado, pois, frequentemente, ao trocar-se uma palavra por um anônimo ou a ordem dos vocábulos na frase, comete-se, muitas vezes, um erro mais grave, de concordância, por exemplo. Isto ocorre principalmente quando se troca uma palavra por um sinônimo de outro gênero, ou quando a ordem da frase ou de seus elementos acessórios é modificada.

Para evitar que o trabalho seja apresentado com erros e deslizes, inclusive de datilografia ou digitação, aconselha-se uma leitura crítica final, depois de terminá-lo.

A organização da bibliografia consultada deve seguir as normas da ABNT, já explicitadas no item 4.9, ORGANIZAÇÃO DA BIBLIOGRAFIA.

Geralmente, a bibliografia é organizada por ordem alfabética dos sobrenomes dos autores, que é a opção mais simples e prática. Nessa etapa, quem teve o cuidado de anotar as indicações bibliográficas em fichas verá como se torna fácil ordená-las alfabeticamente.

Para quem ainda não domina as normas da ABNT, aconselha-se que, ao organizar a bibliografia, tenha bem à mão uma ficha com, pelo menos, as normas essenciais.

6

Partes que compõem um trabalho de graduação

6.1 Folha de rosto

A capa do trabalho de graduação é perfeitamente dispensável, mas a folha de rosto é parte absolutamente indispensável em qualquer tipo de trabalho. Ela deve conter as informações essenciais que identificam o trabalho, o autor, bem como a Faculdade, o ano de curso etc. e são as mesmas que constariam da capa.

Nos trabalhos de graduação, o cabeçalho da folha de rosto indica a Universidade, a Faculdade, o curso, a disciplina e o professor da disciplina. Essas indicações devem ser centralizadas, guardando um espaço de 5 cm da borda superior da página e um espaço duplo entre as indicações.

O título aparece no meio da página, centralizado, em maiúsculas, de preferência em duas linhas.

Abaixo, cerca de 5 cm à direita, indica-se o ano do curso e o nome do aluno (ou alunos) autor(es) do trabalho.

Embaixo, centralizado, indica-se o local e a data, abreviada, da entrega do trabalho, à distância de 3 cm da borda inferior da página.

Exemplo:

UNIVERSIDADE MACKENZIE
FACULDADE DE LETRAS, PEDAGOGIA E PSICOLOGIA
CURSO DE LETRAS – TRADUTOR/INTÉRPRETE
DISCIPLINA: METODOLOGIA CIENTÍFICA
PROFa. MARIA MARGARIDA

TÍTULO DO TRABALHO, SE POSSÍVEL
EM DUAS LINHAS

Alunos do 1º C:
João José da Silva
Luciana Maria Braga
Maria José Fernandes

São Paulo
Junho de 1993

6.2 Sumário/índice

Antes de mais nada, convém estabelecer a distinção entre Sumário e Índice. O Sumário, também chamado Tábua de Matérias, é constituído dos títulos e subtítulos do trabalho, isto é, as partes, os capítulos, os itens e subitens, com a indicação da página inicial. Os títulos e subtítulos mais importantes devem ser escritos em maiúsculas; os itens e subitens terão apenas as letras iniciais em maiúsculas.

O Índice é um indicador da página onde se encontra tal matéria, por exemplo: índice de tabelas ou de ilustrações etc. Atualmente, costuma-se organizar, no final dos livros publicados, um índice de assuntos ou índice remissivo, para facilitar a consulta bibliográfica.

Os trabalhos cuja extensão não atinge o mínimo de dez páginas podem prescindir de Sumário e de Índice. Embora não seja obrigatório nos trabalhos de graduação, caso haja subtítulos, organiza-se o sumário, e se houver figuras, tabelas, ilustrações, deve-se indicar as respectivas páginas no Índice.

O Sumário é apresentado logo depois da folha de rosto, pois nos trabalhos de graduação as dedicatórias, dísticos etc. são dispensáveis e até injustificados.

6.3 Partes obrigatórias ou corpo do trabalho

Toda comunicação, escrita ou oral, formal ou informal compreende três partes obrigatórias: introdução, desenvolvimento e conclusão. Até mesmo numa simples conversa, no pátio da Faculdade, nota-se que, ao aproximar-se um colega de outro, faz uma introdução, que pode ser um cumprimento banal ou brincalhão, ou ainda algum comentário, para depois revelar o "tema" da conversa: um recado, um pedido de informação, o acerto de um encontro ou telefonema posterior etc. Finalizando o "conteúdo" da comunicação, uma despedida informal, a promessa de novo contato ou qualquer coisa no gênero.

A redação dos trabalhos de graduação, também, deve conter essas partes obrigatórias, ainda que não sejam indicadas por títulos especificadores.

6.3.1 Introdução

Nos trabalhos científicos, o conteúdo da introdução é o seguinte:

– anunciar o tema do trabalho;

– esclarecer, de maneira sucinta, o assunto;

80 Introdução à Metodologia do Trabalho Científico • Andrade

– delimitar a extensão e profundidade que se pretende adotar no enfoque do tema;

– dar ideia, de forma sintética, do que se pretende fazer, ou seja, as ideias mestras do desenvolvimento do assunto;

– apontar os objetivos do trabalho;

– evidenciar a relevância do assunto a ser tratado.

Nos trabalhos de maior envergadura, como dissertações de final de curso ou monografias mais minuciosas, faz-se referência às teorias, conceitos ou ideias que embasam o desenvolvimento ou argumentação. Indicam-se os trabalhos importantes do mesmo gênero, realizando-se, dessa forma, uma revisão da bibliografia existente sobre o assunto.

Não há necessidade de destacar em subtítulos cada um dos itens referidos. Todas essas informações podem ser transmitidas sob um só título: Introdução. Dependendo da natureza e da extensão do trabalho, não há necessidade nem do título, pois é obvio que todas as comunicações têm início pela Introdução, que, por sua própria finalidade, não deve ser alongada.

6.3.2 Desenvolvimento

O desenvolvimento é parte nuclear do trabalho, daí muitos autores denominá-lo "corpo do trabalho". Nesta parte é que se apresentam os argumentos, os juízos, através do raciocínio lógico, cartesiano, inerente a todo trabalho científico.

A enunciação dos argumentos não prescinde da objetividade, da ordem, da clareza e da simplicidade. Uma linguagem excessivamente literária, metafórica, rebuscada, além de inadequada, pode prejudicar a clareza do raciocínio.

O desenvolvimento pode ser dividido em duas ou três partes, dependendo do tema e de seu enfoque. Fundamentalmente, constam do desenvolvimento:

– exposição – processo através do qual são descritos e analisados os fatos ou apresentadas as ideias;

– argumentação – defende-se a validade das ideias através dos argumentos, ou seja, do raciocínio lógico, da evidência racional dos fatos, de maneira ordenada, classificando-os e hierarquizando-os;

– discussão – consiste na comparação das ideias; refutam-se ou confirmam-se os argumentos apresentados, mediante um exercício de interpretação dos fatos ou ideias demonstrados.

O desenvolvimento, portanto, é a parte mais extensa da redação, pois contém, além da análise ou descrição dos fatos, toda a argumentação pertinente a eles.

6.3.3 Conclusão

A conclusão não admite nenhuma ideia, nenhum fato ou argumento novo, pois consiste na síntese interpretativa dos argumentos ou dos elementos contidos no desenvolvimento.

Não se pode ignorar o caráter de "síntese" ou de resumo; portanto, ela deve ser breve, exata, concisa. Mas é preciso não confundir "síntese" com a formulação e enunciação de crítica ou interpretação pessoal, subjetiva. A qualidade básica de todo trabalho científico é a objetividade; portanto, a dedução lógica e objetiva dos fatos ou ideias apresentadas é que levará às conclusões.

O título desta parte será – conclusões – quando o conteúdo do desenvolvimento permitir chegar-se à dedução de várias conclusões, que serão convenientemente enumeradas.

No caso de o trabalho não ser conclusivo, aconselha-se intitular a parte final "Considerações finais".

Além do entrosamento, deve ser observado em um trabalho de graduação o equilíbrio entre introdução, desenvolvimento e conclusão.

Quanto à extensão das partes, Cervo e Bervian (1983, p. 100) oferecem uma boa sugestão:

"Para um trabalho de cinco páginas, por exemplo, um plano equilibrado há de respeitar as seguintes proporções:

2/10 do conjunto para a introdução;

4/10 para a primeira parte (se esta contiver as ideias principais);

3/10 para a segunda parte;

1/10 para a conclusão.

Em número de páginas, ter-se-ia:

1 página para a introdução;

2 páginas para a primeira parte;

1 1/2 página para a segunda parte;

1/2 página para a conclusão."

6.4 Parte referencial

Incluem-se, na parte referencial os elementos pós-textuais, logo após a conclusão. São elementos pós-textuais: referências, glossário, apêndice(s), anexo(s) e índice(s). Apenas as referências bibliográficas são obrigatórias; os demais elementos são opcionais. Os apêndices e anexos são identificados por letras maiús-

82 Introdução à Metodologia do Trabalho Científico • Andrade

culas: APÊNDICE A; ANEXO A, ANEXO B etc. Nem todo trabalho de graduação necessita de glossário, apêndices ou anexos, embora eles sejam úteis, em alguns casos. Mesmo quando as informações contidas nesses elementos opcionais são indispensáveis, sua apresentação nos apêndices e anexos, isto é, no final do trabalho, evita o truncamento da leitura do texto, impedindo que a atenção seja desviada do conteúdo das partes.

6.4.1 Apêndices e anexos

Os apêndices e anexos constituem-se em partes complementares do trabalho, e contêm documentos ilustrativos do texto. No apêndice apresentam-se documentos da autoria de quem redigiu o trabalho, tais como entrevistas, questionários, resumos e tabelas, fotografias ou qualquer outro tipo de documentos ou ilustração.

Os anexos abrangem os documentos que não são da autoria de quem redigiu o trabalho, ou seja: estatutos, transcrição de leis, gráficos, tabelas, estatísticas (de autoria alheia), recortes de jornais e revistas.

6.4.2 Bibliografia

Todo trabalho de graduação é fundamentado em pesquisa bibliográfica; portanto, é indispensável a apresentação da bibliografia consultada para sua execução.

É aconselhável evitar a denominação "notas bibliográficas" ou "referências bibliográficas" que pode confundir-se com "citações bibliográficas", uma vez que a citação implica a referência à obra e ao autor. O melhor é simplificar, dando o título de "bibliografia" à lista de obras consultadas.

Na bibliografia devem ser incluídas todas as obras efetivamente consultadas, isto é, lidas e fichadas, que se relacionem com o assunto do trabalho, mesmo que não tenham sido aproveitadas para citações.

Os procedimentos para a organização da bibliografia já foram explicitados anteriormente.

7

Apresentação dos trabalhos: aspectos exteriores

A apresentação dos trabalhos obedece às normas contidas na NBR 14724:2005, válida a partir de 30-1-2006. Não basta que a elaboração intelectual dos trabalhos seja cuidadosa, é necessário que a apresentação reflita a seriedade, a ordem e o empenho dedicados a sua realização.

Os trabalhos devem ser digitados ou datilografados, podendo ser encadernados pelo processo espiral, com capa de plástico transparente, para possibilitar a leitura da folha de rosto.

A apresentação física do trabalho escrito, ou seus aspectos exteriores, deve obedecer às seguintes normas:

7.1 Tamanho das folhas e numeração

Utiliza-se papel branco, tamanho A-4 (210×297 mm), que será impresso com tinta preta, apenas no anverso da folha, com exceção da página de aprovação. A numeração das folhas é contínua: todas as folhas devem ser numeradas, embora a Folha de Rosto, as folhas indicativas dos capítulos e a do sumário não apresentem o número de página grafado. A numeração deve aparecer no alto da página, à direita, a 2 cm da borda direita e a 2 cm da borda superior.

Não é permitida a inserção de páginas em branco, sem numeração, no interior do trabalho.

7.2 Margens e espaços

As margens devem ser assim configuradas: margem superior e esquerda 3 cm; inferior e direita, 2 cm. O texto deve ser digitado com espaço 1,5, excetuando-se as citações de mais de três linhas, notas de rodapé, referências, legendas das ilustrações e das tabelas, ficha catalográfica, natureza do trabalho, objetivo, nome da instituição a que é submetido, área de concentração, que devem ser digitados em espaço simples. As referências, no final do trabalho, devem ser escritas em espaço simples e separadas entre si por dois espaços simples.

7.3 Títulos e subtítulos

Os títulos, nas páginas iniciais dos capítulos, podem ficar a 5 cm da borda superior, em maiúsculas e centralizados. Outra opção é utilizar uma página inteira para o título do capítulo, que deve ser centralizado e grafado na metade da página, empregando-se tamanho de fonte bem maior que o do texto (18 a 22). Os títulos das seções devem começar na parte superior da mancha e ser separados do texto que os sucede por dois espaços 1,5, como os títulos das subseções. Maiúsculas ou minúsculas com iniciais maiúsculas, centralizados ou à esquerda, usadas para os subtítulos.

Evitem-se colocar títulos ou subtítulos importantes no final da página: para dar o devido destaque, eles deverão iniciar nova página.

Títulos e subtítulos do trabalho devem corresponder, rigorosamente, aos do sumário.

Embora trabalhos mais curtos dispensem o destaque de títulos e subtítulos, outros, mais extensos, como dissertações e monografias ou relatórios de pesquisa, exigem a ordenação do conteúdo, subdividindo-se o assunto em tópicos que terão títulos ou subtítulos.

A numeração dos tópicos depende da extensão do trabalho, que refletirá o número de itens constantes do sumário. Um trabalho mais extenso constará de partes, capítulos e seções. Neste caso, as partes poderão ser indicadas por letras ou algarismos romanos: PARTE A ou PARTE I, PARTE B ou PARTE II etc. Os capítulos são numerados com algarismos romanos e as seções, com arábicos.

Há dois tipos de numeração: a alfanumérica, que utiliza letras e números, e a progressiva, que utiliza algarismos arábicos para as Partes e romanos para os Capítulos. Exemplo de numeração alfanumérica:

TÍTULO DO TRABALHO (EM MAIÚSCULAS E CENTRALIZADO)

PARTE A

CAPÍTULO I

A) **Seção**
  1) **Subtítulo**
      a) especificação
      b)

  2) **Subtítulo**
      a)
      b)
      c)

B) **Segunda Seção**
  1) **Subtítulo**
      a)
      b)

  2) **Subtítulo**
      a)
      b)

  3) **Subtítulo... etc.**
      a)
      b)

CAPÍTULO II   (segue o mesmo esquema do CAPÍTULO I)

PARTE B   (segue o mesmo esquema da PARTE A).

Nota-se que a numeração pelo sistema alfanumérico é mais adequada para trabalhos mais extensos, livros ou teses. Para os trabalhos de graduação, aconselha-se o emprego da numeração progressiva, mais prática, mais funcional.

A numeração progressiva é feita da seguinte maneira:

TÍTULO DO TRABALHO (em maiúsculas, centralizado)

1   **TÍTULO DA PRIMEIRA PARTE (em maiúsculas, centralizado ou à esquerda)**

  1.2   **Subtítulo (maiúsculas ou minúsculas, com iniciais maiúsculas)**

  1.2.1   **Subdivisão do item acima (em minúsculas, exceto a primeira letra)**

  1.2.3   **Igual ao anterior**

  1.3   **Subtítulo (maiúsculas ou minúsculas, com iniciais maiúsculas)**

  1.3.1

  1.3.2

  1.3.3

  1.4

  1.4.1   **etc.**

2 TÍTULO DA SEGUNDA PARTE (igual à primeira parte)

2.1 Subtítulo (igual ao da primeira parte)

2.1.1 Igual à primeira parte

2.1.2

2.1.3

2.2 Igual ao anterior

2.3

2.3.1 ... e assim por diante.

Se forem necessárias outras subdivisões, no interior dessas, numera-se com algarismos arábicos ou letras minúsculas:

1) ....ou a) ....

2) .... b) ....

3) .... c) .... etc.

Conforme o exposto, os títulos e subtítulos serão destacados pelo emprego de maiúsculas e pelos espaços entre eles e o texto.

7.4 A escrita: normas gerais

Todo o trabalho deve ser escrito com um tipo de fonte bem legível; tamanho 12, sem erros, respeitando-se as margens e espaços regulamentares. As citações devem ser escritas entre aspas, com o mesmo espaço interlinear, e o tipo deve ser o mesmo que o do texto. Citações que ultrapassem três linhas são escritas em outro parágrafo, digitadas em espaço simples, recuado da margem 4 cm e sem aspas. As notas de rodapé são digitadas em espaço simples, sugerindo-se a fonte tamanho 8, e separadas do texto por um filete de 3 cm de comprimento, a partir da margem esquerda.

Na folha de rosto e na folha de aprovação, a natureza do trabalho, o objetivo, o nome da instituição a que é submetido e a área de concentração devem ser alinhados do meio da mancha para a margem direita.

Pela nova norma da ABNT, as referências bibliográficas são escritas em espaço simples, separadas entre si por espaços duplos.

Deve-se fazer a correção ortográfica antes da impressão final. É necessária também uma revisão geral, para conferir tópicos do sumário com os do corpo do trabalho, referências às fontes de citações, verificar a inclusão dos autores citados na bibliografia etc.

Todo esforço a fim de apresentar bem um bom trabalho deve ser feito. Nunca é demais insistir que é absolutamente necessária uma revisão final, antes de imprimir e encadernar o trabalho.

8

Normas para a redação dos trabalhos

8.1 Objetividade

A qualidade essencial de um trabalho científico é a objetividade, que deve presidir tanto a elaboração, o conteúdo intelectual, quanto o tipo de linguagem empregado na redação.

Nos trabalhos científicos, emprega-se a linguagem denotativa, isto é, cada palavra deve apresentar seu significado próprio, referencial e não dar margem a outras interpretações.

Sendo a linguagem científica fundamentalmente informativa, técnica, racional, prescinde de torneios literários, figuras de retórica ou frases de efeito.

Aconselha-se o uso de frases curtas e simples, com vocabulário adequado. Os termos técnicos e expressões estrangeiras, inclusive citações em latim, só devem ser utilizados quando indispensáveis.

A própria natureza do trabalho científico é que determina a objetividade como requisito básico da redação.

8.2 Impessoalidade

A impessoalidade contribui grandemente para a objetividade da redação dos trabalhos científicos.

90 Introdução à Metodologia do Trabalho Científico • Andrade

Expressões como "o meu trabalho", "eu penso", "na minha opinião" etc. devem ser evitadas, por apresentarem a conotação de subjetividade inerente à linguagem expressa na primeira pessoa. Usa-se, de preferência, "o presente trabalho", "neste trabalho" etc.

O emprego do pronome impessoal "se" é o mais adequado para os trabalhos de graduação: "procedeu-se ao levantamento", "procurou-se obter tal informação", "fez-se tal coisa", ou "realizou-se" etc.

Outro recurso que contribui para a objetividade na redação consiste em usar verbos nas formas que tendem à impessoalidade: "tal informação foi obtida", "a busca empreendida", "o procedimento adotado" etc.

Tais procedimentos criam certo distanciamento da pessoa do autor, razão pela qual a impessoalidade favorece a objetividade; contudo, é necessário prestar atenção para não misturar formas pronominais: o "se" impessoal empregado em uma frase ou parágrafo, a primeira pessoa, ou seja, os pronomes "eu" ou "nós", ou as formas verbais a eles correspondentes, em outra frase ou parágrafo.

Desaconselha-se, também, o plural de modéstia, chamado plural majestático, que consiste em usar o "nós" como primeira pessoa do singular "eu". Além de dificultar sobremaneira a concordância, soa pedante e antiquado.

8.3 Estilo

Nos trabalhos científicos emprega-se de preferência um estilo simples, evitando-se o excesso de retórica, os preciosismos vocabulares, os termos muito eruditos ou em desuso, expressões vocabulares que tornam a sintaxe complexa.

O excesso de adjetivação, as repetições próximas e frequentes de determinadas conjunções ou expressões são procedimentos que precisam ser evitados.

Termos de gíria ou expressões deselegantes jamais poderão fazer parte do vocabulário de um escrito científico.

A escolha do estilo deve recair sobre o nível culto de linguagem ou o coloquial cuidado que, embora simples, usual, obedece às regras gramaticais. Modernamente, o coloquial cuidado é o nível de linguagem mais empregado, até mesmo nos livros didáticos.

Importante é lembrar que simplicidade não exclui correção gramatical, que é requisito indispensável da redação científica.

8.4 Clareza e concisão

Ideias claramente definidas devem expressar-se através de frases e palavras claras. As frases demasiadamente longas tendem a comprometer a clareza, dificultando a concordância gramatical. O melhor procedimento a ser adotado é subdividir as frases longas em duas ou mais, de menor extensão, evitando o acúmulo de orações subordinadas em um só período. Embora não haja para esse caso uma regra rígida, aconselha-se que cada período não apresente mais que duas ou três orações subordinadas.

De maneira geral, deve-se buscar também a simplicidade na sintaxe, preferindo-se as frases curtas, na ordem direta.

É imprescindível concatenar as ideias ou informações de maneira lógica e precisa, estabelecendo uma linha clara e coerente de raciocínio. Geralmente, a clareza da redação reflete a clareza do raciocínio.

As ideias precisam ser apresentadas de maneira simples, mas clara, evitando-se a argumentação muito abstrata.

Nunca é demais lembrar que um parágrafo deve apresentar apenas uma ideia principal, em torno da qual giram as ideias secundárias e os detalhes importantes.

A clareza deve ser acompanhada da concisão. Um texto repetitivo, que apresenta a mesma ideia em mais de um parágrafo, por mais bem escrito que seja, torna-se cansativo. Evite-se, igualmente, prolongar a explanação de uma ideia suficientemente esclarecida, bem como a repetição desnecessária de detalhes que não sejam relevantes.

8.5 Modéstia e cortesia

A modéstia evidencia o reconhecimento dos próprios limites, por parte do autor do trabalho. Nenhum ser humano é perfeito ou capaz de executar obras que atinjam a perfeição plena, embora seja desejável todo esforço em busca da perfeição.

A modéstia deve andar a par da cortesia, sobretudo quando se trata de discordar de um autor, de uma ideia ou opinião. É fundamental que toda crítica seja feita com a mais absoluta cortesia, diria melhor, diplomacia, até porque há a possibilidade de, afinal, reconhecer-se que a crítica talvez fosse infundada.

Não só no caso das críticas, mas também nos agradecimentos, a cortesia é indispensável. Toda colaboração significativa de outras pessoas, como, por exemplo, professores que não sejam os responsáveis pela disciplina relacionada com o trabalho, deve ser objeto de um agradecimento singelo, sem afetação nem exageros.

8.6 Técnica de citações no corpo do trabalho

As finalidades das citações são: exemplificar, esclarecer, confirmar ou documentar a interpretação de ideias contidas no texto; por isso, são também denominadas "testemunho de autoridade".

92 Introdução à Metodologia do Trabalho Científico • Andrade

Fazer uma citação corresponde a transcrever no trabalho um trecho com a opinião de uma autoridade no assunto, retirado da bibliografia consultada. Vale lembrar que uma citação não substitui a redação do trabalho.

A norma mais importante no que se refere às citações é não exagerar, nem no tamanho, nem no número. Um trabalho que contenha muitas citações apresentará a desagradável impressão de "colcha de retalhos" evidenciando uma redação deficiente. Citações textuais muito longas são também desaconselhadas: cada citação não deverá exceder duzentas palavras.

Quanto à espécie, as citações podem ser textuais ou conceituais. Citação textual ou literal é a transcrição exata, *ipsis litteris*, ou seja, reprodução exatamente fiel do original, respeitando-se até eventuais erros de ortografia ou concordância. Caso o erro seja muito evidente, ou muito primário, o máximo que se pode fazer é anotar diante dele, entre parêntesis (*sic*), que significa, mais ou menos: está assim mesmo, no original.

Citação conceitual ou conceptual ou indireta, ou ainda citação livre, consiste numa paráfrase ou resumo de um trecho de determinada obra. Esse tipo de citação é bastante utilizado quando se trata de um trecho longo, cuja citação textual seria considerada muito extensa ou quando se quer retirar do trecho apenas algumas ideias fundamentais.

A técnica das citações no corpo do trabalho compreende os seguintes procedimentos:

1. Para a indicação da fonte das citações no corpo do trabalho, anota-se entre parênteses e em maiúsculas, o SOBRENOME do autor, seguido de vírgula, o ano da publicação, vírgula, abreviatura de página (p.) e o número da página ou páginas, separadas por um traço.

   Exemplo:

   "Seminário é uma técnica de estudo que inclui pesquisa, discussão e debate." (LAKATOS; MARCONI, 1992, p. 29).

2. Quando o trecho citado foi retirado da obra de outro autor, tem-se a citação de citação ou citação de "segunda mão". Caso a citação acima tenha sido encontrada na obra *Introdução à metodologia do trabalho científico*, de Maria Margarida de Andrade, 9ª edição, publicada pela Editora Atlas, em São Paulo, 2009, a definição de *seminário* transcrita será indicada pela expressão latina "Apud", da seguinte maneira:

   "Seminário é uma técnica de estudo que inclui pesquisa, discussão e debate."

   (LAKATOS; MARCONI, 1992, p. 29. Apud ANDRADE, M. M. 2009, p. 99).

   Observe-se que só em último caso, quando a localização do autor do trecho for muito difícil, emprega-se esse tipo de citação no trabalho científico. Sempre que possível, deve-se consultar e citar diretamente o autor da citação.

3. Quando o sobrenome do autor já consta do texto, grafa-se apenas a inicial em maiúscula, depois a data, vírgula e o número da página. Esses elementos aparecem entre parênteses.

Exemplo:

Segundo Ruiz (1991, p. 83) "Citações são os textos documentais levantados com a máxima fidelidade durante a pesquisa bibliográfica."

4. Se o nome do autor não consta do texto e aparece dentro dos parênteses, será grafado em maiúsculas: "Citações são os textos documentais levantados com a máxima fidelidade durante a pesquisa bibliográfica" (RUIZ, 1991, p. 83).

5. Caso o autor tenha mais de uma obra publicada no mesmo ano, acrescenta-se, diante da data, a, b, c... . Esta indicação deve aparecer também na bibliografia.

Exemplo:

ANDRADE, M. M. de. *Introdução à metodologia do trabalho científico*: elaboração de trabalhos na graduação. 5. ed. São Paulo: Atlas, 2001 a.

ANDRADE, M. M. de. *Como preparar trabalhos para cursos de pós-graduação*: noções práticas. 4. ed. São Paulo: Atlas, 2001 b.

6. No trecho de citação direta, especificar página, volume, tomo ou seção da fonte consultada, além do sobrenome do autor e data da publicação.

7. A citação direta, com até três linhas de extensão, no corpo do trabalho, deve estar contida entre aspas duplas, empregando-se o mesmo tipo de fonte usado no texto.

8. A citação que ultrapassar três linhas deve constituir parágrafo à parte, em espaço simples, sem aspas, tipo menor que o do texto e recuado 4 cm da margem esquerda.

9. Quando houver aspas no interior do trecho transcrito, elas serão 'simplificadas'.

10. Se um trecho ou uma frase do texto citado for omitido, indica-se o fato pelo emprego de reticências entre colchetes: [...].

11. Se houver necessidade de acrescentar palavras ao texto citado, para melhor compreensão, elas devem aparecer entre colchetes.

Exemplo:

"Já foi muito comentado que o recurso [do aumento dos juros] não pode ser a única arma de combate à inflação."

12. No caso de informação verbal (palestras, debates, seminários), indicar, em nota de rodapé, as informações disponíveis e no corpo do texto, após a transcrição da referência, anotar, entre parênteses: (informação verbal).[1]

13. Para trabalhos em fase de elaboração, adota-se o mesmo procedimento: anotam-se as informações disponíveis em nota de rodapé e acrescenta-se, no corpo do texto, em seguida à referência, entre parênteses: (em fase de elaboração).

14. Quando a citação em língua estrangeira foi traduzida pelo autor do trabalho, incluir, após a chamada da citação, dentro dos parênteses, a notação: tradução nossa: (FULANO, ..., 19..., p. ..., tradução nossa).

15. Para a citação conceitual ou indireta não se usam aspas, mas após a paráfrase ou resumo do trecho, anota-se entre parênteses o SOBRENOME do autor, data da publicação e número da página, como na citação textual.

16. As citações indiretas de vários documentos do mesmo autor, publicadas em datas diferentes, são separadas por vírgula.

Exemplo: (COSTA, 1995, 1999, 2003, 2005).

17. Se diante do nome do autor coloca-se apenas o ano da publicação da obra, sem o número da página, a citação refere-se à obra toda.

Observação:

Nos trabalhos de graduação (e nos de pós-graduação), é preferível fazer citações e indicação das fontes no corpo do texto, por serem as notas de rodapé mais complexas, exigindo o emprego de expressões latinas, que nem sempre fazem parte do conhecimento de quem redige o trabalho.

8.7 Notas de rodapé

As finalidades das notas de rodapé são:

a) *indicação de textos paralelos*, para reforçar citações textuais ou fazer referência a trechos de outras obras correlatas, inclusive do autor citado;

b) *observações pertinentes*. Para não sobrecarregar o texto com muitas referências, ainda que pertinentes, ou para não quebrar a sequência da leitura, registram-se observações no rodapé. Pode-se também registrar definições de termos ou conceitos empregados no texto;

c) *indicação das fontes das citações*.

---

[1] Palestra proferida pelo Prof. Dr. Fulano de Tal, no X Congresso Anual dos Professores de Linguística e Literatura, realizado na UFPA, de 11 a 15 de maio de 2005.

Para indicar as fontes de citações no rodapé procede-se da seguinte forma:

a) diante das aspas e ponto final que encerram a citação, coloca-se um número, com algarismos arábicos. Esse número será repetido no rodapé, antes da indicação do autor, obra e número da página. (1). Um traço correspondente a 3 cm da largura da folha separa o texto da nota. Exemplo:

---

1. RUIZ, João Álvaro. *Metodologia científica*: guia para eficiência nos estudos. São Paulo: Atlas, 1991, p. 84.

b) a indicação do nome do autor será feita pelo SOBRENOME em maiúsculas, vírgula, seguido do nome ou das iniciais do nome, somente as iniciais em maiúsculas. Em seguida, o título da obra, grifado ou sublinhado, seguido de vírgula; local, editora, ano da publicação e número da página ou páginas, precedido pela abreviatura p.

c) a numeração das notas de rodapé, em algarismos arábicos, obedece à ordem crescente e se reinicia no começo de cada capítulo ou parte do trabalho;

d) as notas são escritas em espaço simples e tipo menor que o do texto, em geral tamanho 8.

e) Para não repetir indicações feitas anteriormente, usam-se expressões latinas:

id. (idem)	**= o mesmo autor, referido anteriormente;**
ib. (ibidem)	**= o mesmo autor e a mesma obra já referidos;**
op. cit. (opus citatum)	**= na obra anteriormente citada;**
loc. cit. (loco citato)	**= no lugar citado;**
pas. (passsim)	**= aqui e ali, em várias partes da obra.**
Ap. ou apud	**= citação de segunda mão, isto é, refere-se a um autor citado por outro autor, de determinada obra.**

f) outras abreviaturas, tais como: cf. (confira); v. (vide ou veja); fig. (figura); il. (ilustração) também podem ser usadas no rodapé.

Observações:

• A possibilidade de optar pela indicação do autor e da obra no corpo do texto ou no rodapé não permite que se misturem os dois procedimentos: não se usam notações próprias do rodapé (idem, ibidem) no texto, com exceção para *Apud*, que se emprega no rodapé ou no corpo do texto.

96 Introdução à Metodologia do Trabalho Científico • Andrade

- Alguns autores preferem transcrever as notas de rodapé no final de cada capítulo, sob o título: *Notas* ou *Referências bibliográficas*. Neste caso, as indicações obedecem às mesmas normas indicadas para o rodapé.

Talvez não seja este o procedimento mais prático, mas é uma possibilidade, que alguns autores, como Celso Cunha, preferem utilizar.

A ABNT especifica, na norma NBR 14724:2005, a padronização da organização das partes para a apresentação dos trabalhos acadêmicos. Esta norma acha-se em vigor desde 30-01-2006.

PARTES QUE COMPÕEM UM TRABALHO ACADÊMICO

1. **Capa**: nome da instituição (opcional), nome do autor, título (e subtítulo), local da instituição onde deve ser apresentado, ano do depósito (entrega).

2. **Folha de rosto** (no verso, ficha catalográfica).

3. **Folha de Aprovação**, com os nomes que compõem a banca de avaliação e espaço para assinatura, se for o caso.

4. **Dedicatória** (elemento opcional, colocado após a página de aprovação).

5. **Agradecimentos** (opcional, colocado após a dedicatória).

6. **Epígrafe** (opcional, colocada após os agradecimentos).

7. **Resumo** em português e em língua estrangeira (em inglês, *abstract*).

8. **Listas** de ilustrações, quadros, tabelas, abreviaturas e siglas, símbolos.

9. **Sumário**: partes, capítulos, tópicos, acompanhados dos respectivos números das páginas.

10. **Introdução**: anunciar, delimitar, situar, esclarecer os objetivos justificar histórico da questão. Definir termos e conceitos. Procedimentos metodológicos.

11. **Desenvolvimento**: argumentar, discutir, demonstrar.

12. **Conclusão**. resumo dos argumentos. Síntese interpretativa.

13. **Parte Referencial ou pós-textual**: referências, glossário, apêndices, anexos e índices.

14. **Contracapa**.

9

▲ A elaboração de seminários

O Seminário constitui uma das técnicas mais eficientes de aprendizagem, quando convenientemente elaborado e apresentado. É preciso ressaltar que Seminário não se limita à elaboração do resumo de um texto e sua apresentação oral, quase sempre improvisada e monótona, diante de uma classe desatenta, alheia ao conteúdo da exposição.

Para que o Seminário surta os efeitos desejados, que inclui o treinamento do trabalho em grupo, quando essa modalidade é adotada, torna-se indispensável o conhecimento da sua natureza e finalidades, bem como das técnicas de elaboração e apresentação.

9.1 Seminário: conceito e finalidades

Antes de mais nada, faz-se necessário apontar o conceito de seminário: *"Seminário é uma técnica de estudo que inclui pesquisa, discussão e debate. (...)"* (LAKATOS, 1992, p. 29). Deduz-se, portanto, que a pesquisa, especialmente a bibliográfica, é o primeiro passo, requisito indispensável na elaboração do Seminário. A pesquisa leva à discussão do material pesquisado, mas, para que os objetivos sejam alcançados, não se pode dispensar o debate.

Embora o Seminário possa ter uma finalidade específica, suas finalidades gerais são:

98 Introdução à Metodologia do Trabalho Científico • Andrade

a) aprofundar o estudo a respeito de determinado assunto;

b) desenvolver a capacidade de pesquisa, de análise sistemática dos fatos, através do raciocínio, da reflexão, preparando o aluno para a elaboração clara e objetiva dos trabalhos científicos.

9.2 Objetivos do seminário

De certa forma, os objetivos do Seminário confundem-se ou complementam suas finalidades. Dentre os vários autores que tratam do assunto, Nérici (1986, p. 263-264) é o que de maneira mais abrangente aponta os objetivos do Seminário:

"a) ensinar pesquisando;

b) revelar tendências e aptidões para a pesquisa;

c) levar a dominar a metodologia científica de uma disciplina;

d) conferir espírito científico;

e) ensinar a utilização de instrumentos lógicos de trabalho intelectual;

f) ensinar a coletar material para análise e interpretação, colocando a objetividade acima da subjetividade;

g) introduzir, no estudo, interpretação e crítica de trabalhos mais avançados;

h) ensinar a trabalhar em grupo e desenvolver o sentimento de comunidade intelectual entre os educandos e entre estes e os professores;

i) ensinar a sistematizar fatos observados e a refletir sobre eles;

j) levar a assumir atitude de honestidade e exatidão nos trabalhos efetuados;

l) dominar a metodologia científica geral."

9.3 Modalidades de seminário

Há diversas modalidades de Seminário:

a) *clássico* – tipo de seminário elaborado e apresentado individualmente, que percorre as mesmas etapas do seminário clássico em grupo. Esta modalidade é a mais usada nos cursos de pós-graduação;

b) *clássico em grupo* – escolhido o tema, o grupo se reúne, escolhe o coordenador, o secretário e o relator e passa a executar o plano do seminário, cujas etapas serão especificadas mais adiante. Este é o tipo de Seminário mais utilizado nos cursos de graduação;

c) *em grupo* – nesta modalidade, formam-se tantos grupos quantos forem os subtítulos do tema. Após uma reunião geral, em que todos os alunos tomam conhecimento global do assunto a ser pesquisado, um plano geral do Seminário é estabelecido. Em seguida, cada grupo cuidará da elaboração e apresentação de um tópico. O professor assume a função de coordenador dos grupos, orientando os trabalhos de pesquisa e a preparação da exposição oral de cada grupo.

9.4 Temas

A escolha dos temas para seminários deverá recair sobre um tópico de uma disciplina do curso, sobre assunto da atualidade e de interesse da classe ou de cultura geral.

Os assuntos sobre os quais não se encontra bibliografia acessível, os temas muito abstratos ou controversos e os que não apresentam caráter científico devem ser evitados.

Deverão ser observadas, também, as sugestões contidas nos itens 5.1. e 5.2.

9.5 Roteiro para a elaboração dos seminários

A elaboração de um Seminário compreende várias etapas, que devem ser cuidadosamente planejadas e executadas. Assim sendo, tornam-se indispensáveis várias reuniões, para que cada membro do grupo participe da definição do plano geral e assuma a responsabilidade da parte que lhe cabe na consecução deste plano.

O número de reuniões depende da complexidade do tema e da profundidade e extensão de seu enfoque. Contudo, de modo geral, para a elaboração de um seminário bastam quatro reuniões de grupo.

PRIMEIRA REUNIÃO

1. O primeiro assunto a ser tratado na primeira reunião é a constituição do grupo. O grupo, com cinco ou seis componentes, no máximo, constitui-se, basicamente, de:

   a) coordenador – encarregado de coordenar os trabalhos, definindo as etapas da pesquisa, atribuindo tarefas aos demais membros do grupo e verificando o cumprimento delas;

b) secretário – cabe ao secretário do grupo anotar todas as sugestões de trabalho, a pauta das reuniões e as tarefas atribuídas a cada componente;

c) relator – é o membro do grupo encarregado de avaliar e comentar o andamento dos trabalhos, a suficiência do material coletado, bem como o desempenho das tarefas propostas;

d) demais membros – são os outros componentes do grupo.

2. Definição do tema e delimitação do assunto. Se o tema não foi sugerido pelo professor, o grupo todo participa de sua escolha e delimitação. Cada componente do grupo apresenta sua sugestão, que será analisada e discutida por todos. A decisão final deverá refletir um consenso de todas as opiniões.

3. Plano de pesquisa. O plano global de pesquisa compreende:

a) pesquisa bibliográfica;

b) entrevistas com técnicos e especialistas no assunto;

c) relatos de observações e experiências;

d) plano geral para a coleta de dados.

4. Distribuição de tarefas a serem executadas, segundo o plano geral para a coleta de dados. O secretário anota tudo e marca-se uma segunda reunião, levando-se em conta o espaço mínimo de tempo para que todos os membros possam cumprir suas tarefas.

SEGUNDA REUNIÃO

Os assuntos a serem tratados na segunda reunião são os seguintes:

1. apresentação das tarefas executadas ao coordenador;

2. avaliação do material coletado (é suficiente, quantitativa e qualitativamente?);

3. análise dos dados levantados e distribuição de tarefas (quem vai fichar o quê?);

4. planejamento para a reunião seguinte (prevendo-se o tempo suficiente para a execução das tarefas).

TERCEIRA REUNIÃO

1. Apresentação dos fichamentos, para interpretação e discussão dos dados levantados;

2. verbalização: cada membro fará a exposição oral do material coletado, para que todos fiquem a par do conteúdo de toda a pesquisa bibliográfica.

Em seguida, os dados serão confrontados, discutidos os pontos de vista, expostos os argumentos que levarão às conclusões;

3. o assunto será ordenado em partes (introdução, desenvolvimento e conclusão), dividido em tópicos, com títulos e subtítulos;

4. elaboração de um Roteiro do seminário, que servirá como esquema para a redação e para a apresentação.

QUARTA REUNIÃO

1. Redação do trabalho e das fichas-guia para a apresentação oral. Se for solicitada a apresentação escrita, faz-se a redação prévia das partes e depois a redação final, conforme as normas já especificadas.

As fichas-guia para apresentação oral contêm um esquema com os tópicos que serão abordados e não devem apresentar frases redigidas, uma vez que sua função é apenas servir de lembrete, de guia para a exposição oral.

2. Organização do material de ilustração. Confecção de cartazes, transparências e outros recursos didáticos que serão utilizados; folhetos e publicações que, eventualmente, serão distribuídos na classe.

3. Revisão crítica do conteúdo; verificação do material de ilustração e do Roteiro que será distribuído, contendo um cabeçalho, sumário do trabalho, nomes dos componentes do grupo e data da apresentação.

4. Critérios para a apresentação oral.

A exposição oral deverá ser "ensaiada" e cronometrada, para que o seminário seja bem apresentado e não ultrapasse o tempo disponível.

Um membro apenas ou todos os membros do grupo podem participar da exposição oral. No caso de todos os membros participarem da exposição, cada um "ensaiará" sua parte, tendo o cuidado de não quebrar o encadeamento dos tópicos do Sumário.

Referências à "parte de fulano" devem ser evitadas; cada componente continuará a exposição do ponto em que seu antecedente terminou, como se fosse a mesma pessoa, para que a apresentação e a linha de raciocínio do trabalho não sofram solução de continuidade.

Após a apresentação, todos os membros devem participar do debate, respondendo a questões levantadas e alimentando a discussão do assunto.

Observação: de maneira geral, o prazo concedido para a elaboração de um seminário é de um mês; portanto, as reuniões deverão ser realizadas, em média, com o intervalo de uma semana.

9.6 Normas para a apresentação escrita e oral

A apresentação escrita de um seminário segue as normas gerais da apresentação dos trabalhos de graduação, já referidas.

Quanto à apresentação oral, compreende os seguintes aspectos: requisitos referentes ao conteúdo, à parte expositiva e técnicas para a elaboração das ilustrações.

Requisitos para a exposição oral:

1. Aspectos do conteúdo:
   a) domínio do assunto (por todos os componentes do grupo);
   b) clareza nos conceitos expostos;
   c) seleção qualitativa e quantitativa do material coletado;
   d) adequação da extensão do relato ao tempo disponível;
   e) encadeamento das partes (sequência discursiva).

2. Aspectos exteriores:
   a) autocontrole;
   b) boa dicção (entonação, timbre, altura);
   c) vocabulário simples e adequado;
   d) postura correta;
   e) empatia coma classe.

O material de ilustração mais comumente empregado constitui-se de cartazes, retroprojeções e projeções de *slides*.

Os cartazes podem ser confeccionados em cartolina, papel-cartão ou até mesmo em papel de embrulho. Para fixá-los usa-se fita crepe ou um "varal" de fio resistente, no qual eles são fixados com pregadores de roupa. Nesse particular, vale a criatividade dos componentes do grupo.

Os dizeres ou legendas dos cartazes devem ser escritos com caneta hidrocor preta ou de outra cor, desde que estabeleça contraste suficiente com a cor do papel utilizado.

Um requisito indispensável para o conteúdo dos cartazes é a correção gramatical, principalmente no que diz respeito à ortografia e separação de sílabas.

O tamanho das letras e símbolos deverá permitir a leitura do que foi escrito até pelos alunos sentados na última fila de carteiras, no fundo da sala.

Quando se trata de imagens ou desenhos, os critérios de tamanho e inteligibilidade da ilustração devem ser igualmente observados. Evite-se a apresentação de vários desenhos pequenos acumulados na mesma folha.

Verifique-se antes da apresentação a possibilidade de fixar os cartazes ou o "varal" e o material necessário: fita crepe, percevejos, pregadores etc.

O uso do retroprojetor implica a obediência a algumas normas, tanto em seu manuseio como na preparação das transparências.

Para as transparências serão utilizados tipos de letra que proporcionam leitura fácil e desenhos com boa visibilidade, cuidando-se da disposição estética do conteúdo.

As informações do texto deverão ser concisas, isto é, apresenta-se apenas o que identifica o assunto, sem a preocupação de preencher toda a folha. O espaço utilizado em uma página não deverá exceder 19×23 cm, de preferência com moldura, para dar destaque ao texto.

Os desenhos devem ser bem feitos, proporcionais ao tamanho da página e facilmente decodificáveis.

Técnicas de uso do retroprojetor:

a) o controle liga-desliga deve ser acionado a cada intervalo de exposição; não se deixa a lâmpada acesa sem a transparência;

b) uma folha de papel deve recobrir o texto, que vai sendo apresentado de acordo com o desenvolvimento da exposição;

c) para indicações, usa-se um bastão, uma vareta ou caneta, apontando no projetor, para evitar sombras ou oclusão do que foi projetado;

d) anotações que acompanham a exposição devem ser feitas por cima de um filme, com caneta à base d'água, para não danificar o conteúdo da transparência.

Antes da apresentação verifica-se a existência e o funcionamento de tomadas elétricas no local da apresentação; testa-se o aparelho, que deve ser solicitado com antecedência, conforme as normas da Faculdade.

No caso dos *slides*, além da verificação do funcionamento das tomadas elétricas e do aparelho projetor, verifica-se a ordem e a posição das cartelas.

9.7 Avaliação do seminário

Todos os alunos recebem um roteiro do seminário, através do qual acompanharão a exposição oral, para no final participarem do debate, fazendo perguntas, apresentando sugestões, promovendo a discussão do assunto.

Além da participação no debate, cada grupo deverá se reunir e fazer uma avaliação do seminário, que pode seguir o seguinte roteiro:

FICHA DE AVALIAÇÃO DO SEMINÁRIO

1. **Plano do conteúdo**

   a) O grupo demonstrou domínio do assunto?

   b) O assunto foi apresentado de forma lógica, ordenada, dividido em tópicos?

   c) Os apresentadores conseguiram transmitir bem o conteúdo?

   d) Houve atenção e participação da classe?

   e) O conteúdo da exposição foi adequado ao tempo disponível, evidenciando os aspectos quantitativos e qualitativos do material coletado?

   f) O roteiro distribuído refletiu o conteúdo da exposição com clareza, no que se refere aos tópicos ou divisão do assunto em partes?

2. **Aspectos exteriores:**

   a) Os expositores demonstraram autocontrole?

   b) A apresentação foi feita com boa dicção, entonação e altura de voz adequada?

   c) O vocabulário empregado foi simples e correto?

   d) Os expositores adotaram postura adequada?

   e) As ilustrações (cartazes, *slides*, retroprojeções etc.) foram apresentadas corretamente?

   Observações: ....

   Seminário avaliado: ....

   Grupo de avaliação: ....

   Data.

UNIVERSIDADE MACKENZIE
FACULDADE DE LETRAS, EDUCAÇÃO E PSICOLOGIA
CURSO DE PEDAGOGIA
DISCIPLINA: METODOLOGIA CIENTÍFICA
PROFª MARIA MARGARIDA

ROTEIRO DE SEMINÁRIO

DESENHO INFANTIL COMO FORMA DE
EXPRESSÃO E DESENVOLVIMENTO

TÓPICOS DA EXPOSIÇÃO

Introdução
O desenho e a criança
A garatuja
Fase da "bolinha"
Fase pré-esquemática
Fase esquemática
Formas utilizadas para interpretação do desenho
Conclusão

Alunas do I "M"
Ana Alves
Benedita Ferreira
Cláudia de Sousa
Cristina Santos
Maria da Silva
Sebastiana Silva

São Paulo, maio de 1997.

UNIVERSIDADE MACKENZIE
FACULDADE DE LETRAS, EDUCAÇÃO E PSICOLOGIA
CURSO DE PEDAGOGIA
DISCIPLINA: METODOLOGIA CIENTÍFICA
PROFA. MARIA MARCANDA

ROTEIRO DE SEMINÁRIO

DESENHO INFANTIL COMO FORMA DE
EXPRESSÃO E REINVENÇÃO LÚDICA

TÓPICOS DA EXPOSIÇÃO

Introdução
O desenho e a criança
A garatuja
Fase da "bomba"
Fase pré-esquemática
Fase esquemática
Jogos utilizados para interpretação do desenho
Conclusão

Aluna: do 1° M.
Ana Anos
Benedita Pereira S.
Cláudia de Silva
Cíntia Lemos
Maria de Silva
Sebastiana Silva

São Paulo, maio de 199...

Parte II

Introdução à Pesquisa Científica

Part II
Introdução à Pesquisa
Científica

10

Pesquisa científica: noções introdutórias

10.1 Conceitos de pesquisa

Pesquisa é o conjunto de procedimentos sistemáticos, baseado no raciocínio lógico, que tem por objetivo encontrar soluções para problemas propostos, mediante a utilização de métodos científicos.

Todos os conceitos de pesquisa, de uma ou de outra maneira, apontam seu caráter racional predominante. Para Gil (1987a, p. 19), pesquisa é o "procedimento racional e sistemático que tem como objetivo proporcionar respostas aos problemas que são propostos."

Segundo Cervo e Bervian (1983, p. 50): "A pesquisa é uma atividade voltada para a solução de problemas, através do emprego de processos científicos."

Salomon (1977, p. 136) associa pesquisa à atividade científica, que se concretiza no trabalho científico:

> (...) trabalho científico passa a designar a concreção da atividade científica, ou seja, a investigação e o tratamento por escrito de questões abordadas metodologicamente.

Longa seria a enumeração das várias conceituações propostas por diversos autores. Essas conceituações apenas acrescentam detalhes especificadores, mantendo a ideia de procedimento racional que utiliza métodos científicos.

110 Introdução à Metodologia do Trabalho Científico • Andrade

10.2 Requisitos para uma pesquisa

A realização de uma pesquisa pressupõe alguns requisitos básicos, tais como a qualificação do pesquisador, os recursos humanos, materiais e financeiros.

Entre as qualidades intelectuais e sociais do pesquisador, Gil (1987a, p. 20) destaca:

"a) conhecimento do assunto a ser pesquisado;

b) curiosidade;

c) criatividade;

d) integridade intelectual;

e) atitude autocorretiva;

f) sensibilidade social;

g) imaginação disciplinada;

h) perseverança e paciência;

i) confiança na experiência."

Por mais qualificado que seja o pesquisador, não pode ignorar certas circunstâncias "extracientíficas". Além de tempo para dedicar-se à pesquisa, são necessários equipamentos, livros, instrumentos e outros materiais e, conforme o caso, verba para a remuneração de serviços prestados por outras pessoas. Isto significa que, para realizar uma pesquisa, devem ser levados em conta os recursos humanos e materiais, tais como disponibilidade de tempo e o indispensável suporte financeiro.

10.3 Finalidades da pesquisa

As várias finalidades da pesquisa podem ser classificadas em dois grupos: o primeiro reúne as finalidades motivadas por razões de ordem intelectual e o segundo, por razões de ordem prática. No primeiro caso, o objetivo da pesquisa é alcançar o saber, para a satisfação do desejo de adquirir conhecimentos. Esse tipo de pesquisa de ordem intelectual, denominada "pura" ou "fundamental", é realizado por cientistas e contribui para o progresso da Ciência. No outro tipo, a pesquisa visa às aplicações práticas, com o objetivo de atender às exigências da vida moderna. Nesse caso, sendo o objetivo contribuir para fins práticos, pela busca de soluções para problemas concretos, denomina-se pesquisa "aplicada".

Na realidade, pesquisa "pura" ou "aplicada" não constituem departamentos estanques, exclusivos entre si. A pesquisa "pura" pode, eventualmente, proporcionar conhecimentos passíveis de aplicações práticas, enquanto a "aplicada" pode resultar na descoberta de princípios científicos que promovam o avanço do conhecimento em determinada área.

10.4 Tipologia da pesquisa

Os tipos de pesquisas podem ser classificados de várias formas, por critérios que variam segundo diferentes enfoques. Do ponto de vista das Ciências, por exemplo, a pesquisa pode ser biológica, médica, físico-química, matemática, histórica, pedagógica, social etc.

Para cumprir a finalidade de oferecer apenas noções introdutórias, parece o bastante limitar a classificação da pesquisa quanto à natureza, aos objetivos, aos procedimentos e ao objeto.

10.4.1 *Pesquisa quanto à natureza*

Quanto à natureza, a pesquisa pode constituir-se em um trabalho científico original ou em um resumo de assunto. Por trabalho científico original entende-se uma pesquisa realizada pela primeira vez, que venha a contribuir com novas conquistas e descobertas para a evolução do conhecimento científico. Naturalmente, esse tipo de pesquisa é desenvolvido por cientistas e especialistas em determinada área de estudo.

O resumo de assunto é um tipo de pesquisa que dispensa a originalidade, mas não o rigor científico. Trata-se de pesquisa fundamentada em trabalhos mais avançados, publicados por autoridades no assunto, e que não se limita à simples cópia das ideias. A análise e interpretação dos fatos e ideias, a utilização de metodologia adequada, bem como o enfoque do tema de um ponto de vista original são qualidades necessárias ao resumo de assunto.

Esse é o tipo de pesquisa mais comum nos cursos de graduação. O resumo de assunto é um tipo de pesquisa que contribui para a ampliação da bagagem cultural do estudante, preparando-o para, futuramente, desenvolver pesquisas mais amplas e trabalhos originais.

A diferença entre trabalho científico original e resumo de assunto, portanto, não se fundamenta nos métodos adotados, mas nas finalidades da pesquisa.

10.4.2 *Pesquisa quanto aos objetivos*

Do ponto de vista dos objetivos da pesquisa, pode-se classificá-la em exploratória, descritiva e explicativa.

a) Pesquisa exploratória

A pesquisa exploratória é o primeiro passo de todo trabalho científico. São finalidades de uma pesquisa exploratória, sobretudo quando bibliográfica, proporcionar maiores informações sobre determinado assunto; facilitar a delimitação de um tema de trabalho; definir os objetivos ou formular as hipóteses de uma pesquisa ou descobrir novo tipo de enfoque para o trabalho que se tem em mente. Através das pesquisas exploratórias avalia-se a possibilidade de desenvolver uma boa pesquisa sobre determinado assunto.

Portanto, a pesquisa exploratória, na maioria dos casos, constitui um trabalho preliminar ou preparatório para outro tipo de pesquisa.

b) Pesquisa descritiva

Nesse tipo de pesquisa, os fatos são observados, registrados, analisados, classificados e interpretados, sem que o pesquisador interfira neles. Isto significa que os fenômenos do mundo físico e humano são estudados, mas não manipulados pelo pesquisador.

Incluem-se entre as pesquisas descritivas a maioria das desenvolvidas nas Ciências Humanas e Sociais; as pesquisas de opinião, as mercadológicas, os levantamentos socioeconômicos e psicossociais.

Pesquisas descritivas são habitualmente solicitadas por empresas comerciais (aceitação de novas marcas, novos produtos ou embalagens), institutos pedagógicos (nível de escolaridade ou rendimento escolar), partidos políticos (as preferências eleitorais ou político-partidárias) etc.

Uma das características da pesquisa descritiva é a técnica padronizada da coleta de dados, realizada principalmente através de questionários e da observação sistemática.

Quando assumem uma forma mais simples, as pesquisas descritivas aproximam-se das exploratórias. Em outros casos, quando, por exemplo, ultrapassam a identificação das relações entre as variáveis, procurando estabelecer a natureza dessas relações, aproximam-se das pesquisas explicativas.

c) Pesquisa explicativa

Esse é um tipo de pesquisa mais complexo, pois, além de registrar, analisar e interpretar os fenômenos estudados, procura identificar seus fatores determinantes, ou seja, suas causas. A pesquisa explicativa tem por objetivo aprofundar o conhecimento da realidade, procurando a razão, o "porquê" das coisas; por isso mesmo, está mais sujeita a cometer erros. Contudo, pode-se afirmar que os resultados das pesquisas explicativas fundamentam o conhecimento científico.

A maioria das pesquisas explicativas utiliza o método experimental, como nas Ciências Sociais. O que caracteriza a pesquisa experimental é a manipulação e o controle das variáveis, com o objetivo de identificar qual a variável independente que determina a causa da variável dependente ou do fenômeno em estudo.

Em algumas Ciências, porém, como na Psicologia, nem sempre é possível realizar pesquisas rigidamente explicativas, embora apresentem elevado grau de controle; são, por isso, chamadas pesquisas "quase experimentais".

10.4.3 *Pesquisa quanto aos procedimentos*

Os procedimentos, ou seja, a maneira pela qual se obtêm os dados necessários, permitem estabelecer a distinção entre pesquisas de campo e pesquisas de fontes "de papel". Nesta modalidade incluem-se a pesquisa bibliográfica e a documental. A diferença entre uma e outra está na espécie de documentos que constituem fontes de pesquisas: enquanto a pesquisa bibliográfica utiliza fontes secundárias, ou seja, livros e outros documentos bibliográficos, a pesquisa documental baseia-se em documentos primários, originais. Tais documentos, chamados "de primeira mão", ainda não foram utilizados em nenhum estudo ou pesquisa: dados estatísticos, documentos históricos, correspondência epistolar de personalidades etc.

A pesquisa de campo baseia-se na observação dos fatos tal como ocorrem na realidade. O pesquisador efetua a coleta de dados "em campo", isto é, diretamente no local da ocorrência dos fenômenos. Para a realização da coleta de dados são utilizadas técnicas específicas, como a observação direta, os formulários e as entrevistas.

10.4.4 *Pesquisa quanto ao objeto*

As pesquisas quanto ao objeto podem ser: bibliográfica, de laboratório e de campo.

a) Pesquisa bibliográfica

A pesquisa bibliográfica tanto pode ser um trabalho independente como constituir-se no passo inicial de outra pesquisa. Já se disse, aqui, que todo trabalho científico pressupõe uma pesquisa bibliográfica preliminar.

As técnicas e as fases da pesquisa bibliográfica foram objeto de estudo nas seções 3 e 4 deste livro.

b) Pesquisa de laboratório

Pesquisa de laboratório não é sinônimo de pesquisa experimental e, embora a grande maioria das pesquisas de laboratório seja experimental, isto não institui uma exclusividade. Nas Ciências Humanas e Sociais faz-se, também, esse tipo de pesquisa, haja vista o exemplo de pesquisa experimental apresentado por Cervo e Bervian (1983, p. 197-230): "Efeitos de incentivos verbais no rendimento da aprendizagem intelectual."

No laboratório, o pesquisador tem condições de provocar, produzir e reproduzir fenômenos, em condições de controle. Ruiz (1991, p. 56-57) apresenta uma sugestão de plano geral para pesquisas de laboratório:

"ROTEIRO PARA O PLANEJAMENTO DE PESQUISA DE LABORATÓRIO

1. **Determinação do assunto.**
2. **Pesquisa bibliográfica prévia.**
3. **Formulação de problemas.**
4. **Formulação de hipótese ou hipóteses pela determinação das variáveis independentes que se pretendem manipular em condições de controle.**
5. **Prever, conhecer e testar a precisão dos instrumentos que serão utilizados na manipulação e nas mensurações das variáveis independentes.**
6. **Selecionar as técnicas convenientes para o caso.**
7. **Provocar o fenômeno e controlar a relação entre as variáveis independentes e os eventos, com o objetivo de testar a hipótese preestabelecida.**
8. **Generalizar ou ampliar os resultados.**
9. **Fazer predições baseadas na hipótese confirmada.**
10. **Reiterar experimentos para confirmar predições."**

O Relatório escrito da pesquisa de laboratório segue as normas gerais dos trabalhos científicos.

c) Pesquisa de campo

A pesquisa de campo, desenvolvida principalmente nas Ciências Sociais, como: Sociologia, Psicologia, Política, Economia e Antropologia, não se caracteriza como experimental, pois não tem como objetivo produzir ou reproduzir os fenômenos estudados, embora, em determinadas circunstâncias, seja possível realizar pesquisa de campo experimental.

Vale lembrar que as denominações "pesquisa de laboratório" e "pesquisa de campo" não se referem ao tipo ou às características da pesquisa, mas ao ambiente em que elas são realizadas.

A pesquisa de campo assim é denominada porque a coleta de dados é efetuada "em campo", onde ocorrem espontaneamente os fenômenos, uma vez que não há interferência do pesquisador sobre eles.

Para Marconi (1990, p. 75),

> Pesquisa de campo é aquela utilizada com o objetivo de conseguir informações e/ou conhecimentos acerca de um problema, para o qual se procura uma resposta, ou de uma hipótese, que se queira comprovar ou, ainda, descobrir novos fenômenos ou as relações entre eles.

As fases da pesquisa de campo, inclusive as técnicas da coleta de dados, serão enfocadas mais adiante.

11

▲ Métodos e técnicas de pesquisa

11.1 Métodos

Quando o homem começou a interrogar-se a respeito dos fatos do mundo exterior, na cultura e na natureza, surgiu a necessidade de uma metodologia da pesquisa científica.

Metodologia é o conjunto de métodos ou caminhos que são percorridos na busca do conhecimento.

Descartes, pensador e filósofo francês, em seu *Discurso do método*,[1] expõe a ideia fundamental de que é possível chegar-se à certeza por intermédio da razão. Das concepções de Descartes surgiu o método *dedutivo*, cuja técnica se fundamenta em esclarecer as ideias através de cadeias de raciocínio.

Para Descartes, para quem verdade e evidência são a mesma coisa, pelo raciocínio torna-se possível chegar a conclusões verdadeiras, desde que o assunto seja pesquisado em partes, começando-se pelas proposições mais simples e evidentes até alcançar, por deduções lógicas, a conclusão final.

Segundo Francis Bacon (1561-1626), filósofo inglês, a lógica cartesiana, racionalista, não leva a nenhuma descoberta, apenas esclarece o que estava implícito, pois somente através da observação se pode conhecer algo novo. Este princípio básico fundamenta o método *indutivo*, que privilegia a observação como processo para chegar-se ao conhecimento. A indução consiste em enumerar os enunciados

---

[1]   DESCARTES, René. *Discurso do método*. Lisboa: Sá da Costa, 1956.

sobre o fenômeno que se quer pesquisar e, através da observação, procura-se encontrar algo que está sempre presente na ocorrência do fenômeno.

Bacon estabeleceu também um método de pesquisa paralelo ao da indução: o método do raciocínio analógico ou raciocínio por classificação. Para ele, o raciocínio silogístico[2] proposto pela Lógica de Aristóteles e utilizado por Descartes, essencialmente dedutivo, deveria ser substituído por sua nova lógica indutiva.[3]

O método classificatório é usado nas pesquisas das Ciências da natureza, principalmente Botânica, Zoologia, Geologia, Mineralogia, mas também na Tecnologia.

Os métodos racionais podem abranger as ciências formais e parte das ciências da natureza. Os métodos empíricos, baseados na observação sensorial, abrangem parte das ciências da natureza e as da cultura ou sociais.

A pesquisa das ciências que se situam na faixa intermediária entre as formais e as da natureza pode desenvolver-se através do método *experimental*, idealizado por Galileu Galilei (1564-1642), físico e astrônomo italiano. Tal método, focalizado na obra deste autor: *Diálogos sobre as novas ciências* (1638), baseia-se na formulação de uma hipótese ou conjectura sobre o fenômeno a ser pesquisado; na formulação de uma série de teoremas ou teses teóricas e na execução de experiências, com a finalidade de obter-se a confirmação ou negação da hipótese formulada.

O método experimental é utilizado nas ciências físico-químicas, na pesquisa sobre os fenômenos da natureza passíveis de serem matematizados, tais como extensão, massa, movimento, partícula, elemento, carga elétrica, campo de força etc.

Segundo um consenso generalizado, há mais exatidão e rigor nas ciências experimentais que nas ciências humanas. Na verdade, as ciências experimentais pesquisam, de modo geral, fenômenos físicos, regidos por determinismo da natureza, por leis fatais passíveis de previsão e que podem até ser provocados, para serem mais bem observados. Já nas ciências humanas, há mais ou menos liberdade humana que, obviamente, não inclui subjetividade e opiniões pessoais. Embora as leis que regem as ciências humanas sejam mais flexíveis, ou menos rigorosas, estudam fenômenos reais, ainda que diferentes dos pesquisados nas ciências experimentais: trata-se de fatos humanos, qualitativos, por isso não admitem avaliação quantitativa.

11.1.1 Métodos de abordagem

Método de abordagem é o conjunto de procedimentos utilizados na investigação de fenômenos ou no caminho para chegar-se à verdade. Segundo Cervo e Bervian (1983, p. 23):

---

[2] Silogismo é um tipo de raciocínio baseado em duas premissas: maior (universal); menor (particular) que levam, através da dedução, à conclusão.

[3] BACON, Francis. *Novum organum*. São Paulo: Abril Cultural, 1973. (Col. OS PENSADORES.)

> Em seu sentido mais geral, o método é a ordem que se deve impor aos diferentes processos necessários para atingir um fim dado ou um resultado desejado. Nas ciências, entende-se por método o conjunto de processos que o espírito humano deve empregar na investigação e demonstração da verdade.

Admitindo-se a distinção entre métodos de abordagem e métodos de procedimento, pode-se dizer que os métodos de abordagem referem-se ao plano geral do trabalho, a seus fundamentos lógicos, ao processo de raciocínio adotado, uma vez que os métodos de abordagem são essencialmente racionais. Desse ponto de vista, os métodos de abordagem são exclusivos entre si, embora se admita a possibilidade de mais de um método de abordagem ser empregado em uma pesquisa.

Outra característica dos métodos de abordagem é constituírem-se de procedimentos gerais, baseados em princípios lógicos, permitindo sua utilização em várias ciências. O método dedutivo, por exemplo, tanto pode ser usado na Matemática, na Sociologia, na Economia, na Lógica ou na Física Teórica.

Conforme o tipo de raciocínio empregado, os métodos de abordagem classificam-se em: dedutivo, indutivo, hipotético-dedutivo e dialético.

a) Método dedutivo

A dedução é o caminho das consequências, pois uma cadeia de raciocínio em conexão descendente, isto é, do geral para o particular, leva à conclusão. Segundo esse método, partindo-se de teorias e leis gerais, pode-se chegar à determinação ou previsão de fenômenos particulares.

Exemplo de raciocínio dedutivo:

Todo homem é mortal. _____ **universal, geral;**

Pedro é homem; _____ **particular;**

logo, Pedro é mortal. _____ **conclusão.**

b) Método indutivo

Na indução percorre-se o caminho inverso ao da dedução, isto é, a cadeia de raciocínio estabelece conexão ascendente, do particular para o geral. Neste caso, as constatações particulares é que levam às teorias e leis gerais.

Exemplo de raciocínio indutivo:

O calor dilata o ferro; _____ **particular;**

o calor dilata o bronze; _____ **particular;**

o calor dilata o cobre; _____ particular;

logo, o calor dilata todos os metais _____ geral, universal.

De certa forma, o método indutivo confunde-se com o experimental, que compreende as seguintes etapas:

- observação – manifestações da realidade, espontâneas ou provocadas;
- hipótese(s) – tentativa de explicação;
- experimentação – observa-se a reação de causa-efeito, imaginada na etapa anterior;
- comparação – classificação, análise e crítica dos dados recolhidos;
- abstração – verificação dos pontos de acordo e de desacordo dos dados recolhidos;
- generalização – consiste em estender a outros casos, da mesma espécie, um conceito obtido com base nos dados observados.

c) Método hipotético-dedutivo

O método hipotético-dedutivo é considerado lógico por excelência. Acha-se historicamente relacionado com a experimentação, motivo pelo qual é bastante usado no campo das pesquisas das ciências naturais.

Não é fácil estabelecer a distinção entre o método hipotético-dedutivo e o indutivo, uma vez que ambos são fundamentados na observação. A diferença é que o método hipotético-dedutivo não se limita à generalização empírica das observações realizadas, podendo-se, através dele, chegar à construção de teorias e leis.

d) Método dialético

O método dialético não envolve apenas questões ideológicas, geradoras de polêmicas. Trata-se de um método de investigação da realidade pelo estudo de sua ação recíproca.

Segundo Gil (1987b, p. 32), há certos princípios comuns a toda abordagem dialética:

1. Princípio da unidade e luta dos contrários. Os fenômenos apresentam aspectos contraditórios, que são organicamente unidos e constituem a indissolúvel unidade dos opostos.

2. Princípio da transformação das mudanças quantitativas em qualitativas. Quantidade e qualidade são características inerentes a todos os objetos e

fenômenos, e estão inter-relacionados. No processo de desenvolvimento, as mudanças quantitativas graduais geram mudanças qualitativas.

3. Princípio da negação da negação. O desenvolvimento processa-se em espiral, isto é, suas fases repetem-se, mas em nível superior.

Do exposto deduz-se que o método dialético é contrário a todo conhecimento rígido: tudo é visto em constante mudança, pois sempre há algo que nasce e se desenvolve e algo que se desagrega e se transforma.

11.1.2 Métodos de procedimentos

Os métodos de procedimentos não são exclusivos entre si, mas devem adequar-se a cada área de pesquisa.

Ao contrário dos métodos de abordagem, têm caráter mais específico, relacionando-se, não com o plano geral do trabalho, mas com suas etapas.

Segundo Lakatos (1981, p. 32-34), os principais métodos de procedimentos, na área das Ciências Sociais, são: histórico, comparativo, estatístico, funcionalista, estruturalista, monográfico etc.

1. Método histórico

Consiste em investigar os acontecimentos, processos e instituições do passado para verificar sua influência na sociedade de hoje. Partindo do princípio de que as atuais formas de vida social, as instituições e os costumes têm origem do passado, é importante pesquisar suas raízes, para compreender sua natureza e função.

2. Método comparativo

Este método realiza comparações com a finalidade de verificar semelhanças e explicar divergências. O método comparativo é usado tanto para comparações de grupos no presente, no passado, ou entre os existentes e os do passado, quanto entre sociedades de iguais ou de diferentes estágios de desenvolvimento.

3. Método estatístico

O método estatístico fundamenta-se na utilização da teoria estatística das probabilidades. Suas conclusões apresentam grande probabilidade de serem verdadeiras, embora admitam certa margem de erro. A manipulação estatística permite comprovar as relações dos fenômenos entre si, e obter generalizações sobre sua natureza, ocorrência ou significado.

4. Método funcionalista

Utilizado por Bronislaw Malinowski (1884-1942), é, a rigor, mais um método de interpretação do que de investigação.

O método funcionalista enfatiza as relações e o ajustamento entre os diversos componentes de uma cultura ou sociedade.

Portanto, o método funcionalista estuda a sociedade do ponto de vista da função de suas unidades, visto que considera toda atividade social e cultural como funcional ou como desempenho de funções.

5. Método estruturalista

Na conceituação empregada por Gil (1988, p. 38-39),

> O termo estruturalismo é utilizado para designar as correntes de pensamento que recorrem à noção de estrutura para explicar a realidade em todos os níveis.

O método desenvolvido por Lévi-Strauss parte da investigação de um fenômeno concreto, atinge o nível do abstrato, por intermédio da constituição de um modelo que represente o objeto de estudo, retornando ao concreto, dessa vez como uma realidade estruturada e relacionada com a experiência do sujeito social. O método estruturalista, portanto, caminha do concreto para o abstrato e vice-versa, dispondo, na segunda etapa, de um modelo para analisar a realidade concreta dos diversos fenômenos.

6. Método monográfico ou estudo de caso

O método monográfico consiste no estudo de determinados indivíduos, profissões, condições, instituições, grupos ou comunidades, com a finalidade de obter generalizações. Foi criado por Le Play, que o empregou para estudar famílias operárias na Europa.

O estudo monográfico pode, também, abranger o conjunto das atividades de um grupo social particular, como no exemplo das cooperativas e do grupo indígena. A vantagem do método consiste em respeitar a "totalidade solidária" dos grupos, ao estudar, em primeiro lugar, a vida do grupo em sua unidade concreta, evitando a dissociação prematura de seus elementos. São exemplos desse tipo de estudo: monografias regionais, as rurais, as de aldeia e até as urbanas.

11.2 Técnicas de pesquisa

As técnicas de pesquisa acham-se relacionadas com a coleta de dados, ou seja, a parte prática da pesquisa.

Técnicas são conjuntos de normas usadas especificamente em cada área das ciências, podendo-se afirmar que a técnica é a instrumentação específica da coleta de dados.

A distinção entre "método" e "técnica" é feita por Ruiz (1991, p. 138), nos seguintes termos:

> A rigor, reserva-se a palavra método para significar o traçado das etapas fundamentais da pesquisa, enquanto a palavra técnica significa os diversos procedimentos ou a utilização de diversos recursos peculiares a cada objeto de pesquisa, dentro das diversas etapas do método.(...)

Portanto, observa-se que método constitui um procedimento geral, enquanto técnica abrange procedimentos específicos.

As técnicas de pesquisa podem ser agrupadas em dois tipos de procedimentos: documentação indireta e documentação direta.

11.2.1 Documentação indireta

Fazem parte da documentação indireta a pesquisa bibliográfica e a pesquisa documental, que já foram aqui focalizadas.

Para aprofundamento do assunto, aconselha-se consultar:

MARCONI, M. de A., LAKATOS, E. M. *Técnicas de pesquisa*. 2.ed. rev. e um. São Paulo: Atlas, 1990, p. 57-75.

11.2.2 Documentação direta

A documentação direta abrange a observação direta intensiva e a observação direta extensiva.

a) Observação direta intensiva: baseia-se nas técnicas de observação propriamente dita e nas entrevistas.

   • Modalidades de observação direta intensiva:

   ■ sistemática – quando planejada, estruturada;

   ■ assistemática – não estruturada;

   ■ participante – quando o pesquisador participa dos fatos a serem observados;

   ■ não participante – o pesquisador limita-se à observação dos fatos;

   ■ individual – realizada por um pesquisador apenas;

- em equipe – pesquisa desenvolvida por um grupo de trabalho;
- na vida real – os fatos são observados "em campo" ou em ambiente natural;
- em laboratório – os fatos são estudados em salas, laboratórios, ou seja, em ambiente artificial, embora o pesquisador procure, muitas vezes, reproduzir o ambiente real do fenômeno estudado.

- Entrevista. A entrevista é uma técnica muito utilizada na pesquisa, nos vários ramos das Ciências Sociais: Sociologia, Antropologia, Política, Serviço Social, Psicologia Social, Jornalismo, Relações Públicas, Pesquisas de Mercado etc.

Embora a entrevista não seja a técnica mais fácil de ser aplicada, talvez seja a mais eficiente para a obtenção das informações, conhecimentos ou opiniões sobre um assunto.

A técnica de entrevista será abordada de forma mais minuciosa, ao tratar-se das técnicas da pesquisa de campo.

b) Observação direta extensiva: baseia-se na aplicação de formulários e questionários; medidas de opinião e de atitudes; testes; pesquisas de mercado; história de vida etc.

Essas técnicas são empregadas, principalmente, na coleta de dados das pesquisas de campo.

12

▲ Pesquisa de campo

O desenvolvimento de uma pesquisa de campo exige um planejamento geral e um plano específico para a coleta de dados, bem como um relatório escrito das várias etapas da pesquisa, incluindo os resultados obtidos. Porém, em certas circunstâncias, o estudante sentirá a necessidade de elaborar um Projeto de Pesquisa, que pode, muitas vezes, coincidir com o plano geral da pesquisa.

Para maiores esclarecimentos, os procedimentos relativos às várias atividades enunciadas serão minuciosamente descritos a seguir.

12.1 Projeto de pesquisa

Projeto de Pesquisa não é o mesmo que planejamento da pesquisa.

O Projeto de Pesquisa é necessário para obtenção de bolsas de estudo ou patrocínio para pesquisas que se deseja realizar; para ser apresentado ao orientador de uma monografia de final de curso; nos cursos de pós-graduação, a fim de que o orientador seja informado a respeito do trabalho que o orientando pretende desenvolver.

Um bom Projeto de Pesquisa deve conter apenas as linhas básicas da pesquisa que se tem em mente; não há necessidade de estender-se em minúcias, apresentar um plano para a coleta de dados etc.

Na folha de rosto indica-se a entidade destinatária do projeto, título do trabalho, autor ou autores, local e data. Do projeto propriamente dito devem constar: o título, ainda que provisório; a delimitação do assunto; os objetivos; a justificativa; o objeto da pesquisa; a metodologia; cronograma; orçamento e bibliografia básica.

O esquema de um projeto básico deve conter os seguintes elementos:

PROJETO DE PESQUISA

1. *Título do trabalho ou tema* – deve obedecer aos critérios de relevância, viabilidade e originalidade.

2. *Delimitação do assunto* – determinar o tipo de enfoque, bem como sua extensão e profundidade.

3. *Objetivos* – esclarecer o que se pretende, quais os resultados que se deseja obter com a pesquisa.

4. *Justificativa* – por que foi escolhido o tema em questão, qual a relevância e oportunidade do assunto.

5. *Universo da pesquisa* – a que se refere a pesquisa, quais os sujeitos que serão investigados, qual seu objeto.

6. *Metodologia* – quais os métodos e técnicas que serão utilizados na pesquisa. Pode-se incluir um roteiro com as principais etapas do trabalho.

7. *Cronograma* – qual o tempo necessário para desenvolver-se cada fase da pesquisa: discriminar quantas semanas ou quantos meses serão destinados a cada etapa.

8. *Orçamento* – especificar os recursos humanos e materiais indispensáveis para a realização do projeto, com uma estimativa dos custos, quando este item for necessário.

9. *Bibliografia básica* – apresentar uma lista bibliográfica que contenha obras referentes aos pressupostos do tema ou embasamento teórico do assunto. Esta bibliografia não precisa ser completa, exaustiva, mas deverá ser elaborada de acordo com as normas da ABNT.

12.2 Planejamento da pesquisa

Uma pesquisa não pode ser realizada sem um planejamento prévio, detalhado, de todas suas etapas.

Conforme o tema a ser focalizado, torna-se necessária uma pesquisa exploratória, para familiarização com o assunto, para determinar os objetivos e construir as hipóteses do trabalho.

O planejamento geral engloba a parte teórica e a coleta de dados ou execução da pesquisa. De modo geral, o esquema do planejamento de pesquisa inicia-se pela parte teórica, para depois elaborar-se um plano da coleta de dados:

PLANEJAMENTO DE PESQUISA

1. **Escolha do tema.**
2. **Delimitação do assunto.**
3. **Levantamento bibliográfico ou revisão da bibliografia.**
4. **Formulação do problema.**
5. **Construção das hipóteses.**
6. **Indicação das variáveis.**
7. **Delimitação do Universo (amostragem).**
8. **Seleção dos métodos e técnicas.**
9. **Construção dos instrumentos da pesquisa.**
10. **Teste dos instrumentos e procedimentos metodológicos.**

1. Escolha do tema

A escolha do tema pode fundamentar-se no desejo de aprofundar o estudo de uma questão; no interesse particular ou profissional sobre determinado assunto ou seguir sugestões de leituras ou, ainda, aprofundar estudos realizados anteriormente, de maneira superficial.

Em qualquer das hipóteses, torna-se necessário respeitar os critérios de originalidade, relevância e viabilidade.

a) *Originalidade.* Mesmo que a pesquisa não constitua trabalho original, deve apresentar um novo enfoque, novos argumentos e pontos de vista, trazer alguma novidade, contribuir de algum modo para o esclarecimento do assunto. A originalidade nos trabalhos de graduação, portanto, não se refere ao tema, mas ao tipo de abordagem do assunto.

b) *Relevância.* Um tema deve ter importância, isto é, estar ligado, de alguma forma, a uma questão de interesse geral ou social; por exemplo: referir-se a uma questão teórica, abordada seguidamente na literatura especializada; complementar estudos sobre determinado assunto, esclarecendo aspectos pouco explorados nos estudos existentes etc.

c) *Viabilidade.* Este requisito aponta para os aspectos práticos da pesquisa e inclui os seguintes itens: prazos, bibliografia acessível; adequação ao nível intelectual do autor; estudos publicados sobre o mesmo tema; recursos materiais e financeiros.

O tema deve corresponder ao gosto e aos interesses do pesquisador, evitando-se assuntos fáceis, de interesse restrito ou os demasiadamente complexos. Evite-se, igualmente, abordar um tema sobre o qual foram realizados recentemente muitos estudos, pois se torna difícil adotar um enfoque original ou apresentar novas contribuições para o seu esclarecimento.

2. Delimitação do assunto

Delimitar é selecionar um tópico do assunto para ser focalizado. A delimitação do assunto pode ser feita no que diz respeito à extensão ou ao tipo de enfoque: psicológico, sociológico, histórico, filosófico, estatístico etc.

Delimita-se um tema, também, fixando-se circunstâncias, principalmente de tempo e de espaço, pela indicação do quadro histórico-geográfico em cujos limites se localiza o assunto.

3. Levantamento bibliográfico

O levantamento bibliográfico é uma etapa fundamental da pesquisa de campo. Além de proporcionar uma revisão sobre a literatura referente ao assunto, a pesquisa bibliográfica vai possibilitar a determinação dos objetivos, a construção das hipóteses e oferecer elementos para fundamentar a justificativa da escolha do tema.

Através do levantamento bibliográfico obtêm-se os subsídios para elaborar um histórico da questão, bem como uma avaliação dos trabalhos publicados sobre o tema.

4. Formulação do problema

Para proceder-se à formulação do problema de maneira bem prática, diz-se que formular um problema consiste em especificá-lo, com detalhes precisos, isto é, responder às perguntas: o quê? como?

Formular o problema não se limita a identificá-lo; é preciso defini-lo, circunscrever seus limites, isolar e compreender seus fatores peculiares, ou seja, indicar as variáveis que sobre ele intervêm e as possíveis relações entre elas.

Do ponto de vista dos tipos de problemas, Pardinas (apud LAKATOS, 1990, p. 25) apresenta a seguinte classificação:

"1. Problemas de Estudos Acadêmicos. Estudo descritivo, de caráter informativo, explicativo ou preditivo.

2. Problema de Informação. Coleta de dados a respeito de estruturas e condutas observáveis, dentro de uma área de fenômenos.

Pesquisa de Campo **129**

3. Problemas de Ação. Campo de ação onde determinados conhecimentos sejam aplicados com êxito.

4. Investigação Pura e Aplicada. Estuda um problema relativo ao conhecimento científico ou a sua aplicabilidade."

Em conclusão: os problemas podem ser chamados de diagnóstico, de propaganda, de planejamento ou de investigação.

5. Construção das hipóteses

Hipótese é uma solução provisória que se propõe para o problema formulado. Trata-se de solução provisória porque o desenvolvimento da pesquisa determinará sua validade: pode ser confirmada ou rejeitada.

Sendo a hipótese uma suposição que carece de confirmação, pode ser formulada tanto na forma afirmativa quanto na interrogativa.

Não há uma norma, uma regra fixa para a formulação de hipóteses, mas ela deve basear-se no conhecimento do assunto, na literatura específica que foi levantada na pesquisa bibliográfica.

Não contrariar as evidências e ser verificável são requisitos básicos da hipótese, pois sem verificação das hipóteses não há como desenvolver uma pesquisa.

A formulação clara das hipóteses orienta o desenvolvimento da pesquisa, razão pela qual, antes do início, no planejamento da pesquisa são necessariamente apresentadas. Nos estudos exploratórios e descritivos, não há necessidade de apresentar as hipóteses.

6. Indicação das variáveis

Variáveis são fatores ou circunstâncias que influem direta ou indiretamente sobre o fato ou fenômeno que está sendo investigado. Se uma pesquisa tem por objetivo evidenciar que os países desenvolvidos apresentam baixo índice de analfabetismo, as variáveis serão: desenvolvimento econômico e índice de analfabetismo. São os dois fatores diretamente relacionados com o fenômeno a ser investigado.

As variáveis podem ser dependentes ou independentes. Variáveis independentes são as que influenciam as dependentes. Uma pesquisa que pretenda demonstrar o efeito da motivação sobre a melhoria de desempenho escolar apresentará:

variável independente _____ **variável dependente**
↓ ↓
motivação _____ **desempenho escolar**

130 Introdução à Metodologia do Trabalho Científico • Andrade

A motivação é variável independente porque influi sobre o rendimento escolar ou o rendimento escolar é variável dependente porque é influenciado pela motivação.

Variáveis são assim denominadas porque variam, podem assumir diferentes aspectos, abranger diferentes valores em cada caso, em cada pesquisa.

As variáveis mais comuns nas pesquisas das Ciências Humanas são: sexo, idade, estado civil, número de filhos, profissão, nível de escolaridade, situação econômica, local de residência, patrimônio imobiliário etc. Ora, essas variáveis podem ser extremamente relevantes para um tipo de pesquisa e não serem significativas para outras. Portanto, cada pesquisa procede à indicação das variáveis relevantes para aquele caso específico.

7. Delimitação do universo da pesquisa

O universo da pesquisa é constituído por todos os elementos de uma classe, ou toda a população. População é o conjunto total e não se refere apenas a pessoas, pode abranger qualquer tipo de elementos: pessoas, pássaros, amebas, espécies vegetais etc.

Como é praticamente impossível estudar uma população inteira, ou todo o universo dos elementos, escolhe-se determinada quantidade dos elementos de uma classe para objeto de estudo. Os sujeitos de uma pesquisa, ou seja, os elementos que serão investigados, compõem uma *amostra* da população ou do universo.

Os resultados obtidos na pesquisa de uma amostra da população podem ser generalizados para todo o universo.

8. Seleção de métodos e técnicas

Cada pesquisa tem sua metodologia e exige técnicas específicas para a obtenção dos dados. Escolhido o método, as técnicas a serem utilizadas serão selecionadas, de acordo com os objetivos da pesquisa.

Uma pesquisa mais simples pode ser desenvolvida apenas com a aplicação de questionários; outras exigirão entrevistas, observação direta, formulários etc. O importante é adequar as técnicas disponíveis às características da pesquisa, sempre tendo em vista que a recolha bem-feita dos dados da pesquisa é fundamental para seu desenvolvimento.

9. Construção dos instrumentos da pesquisa

Instrumentos da pesquisa são os meios através dos quais se aplicam as técnicas selecionadas. Se uma pesquisa vai fundamentar a coleta de dados nas entrevistas, torna-se necessário pesquisar o assunto, para depois elaborar o roteiro ou o formulário.

Evidentemente, os instrumentos de uma pesquisa são exclusivos dela, pois atendem às necessidades daquele caso particular. A cada pesquisa que se pretende realizar procede-se à construção dos instrumentos adequados.

10. Teste dos instrumentos e procedimentos

O teste dos instrumentos e procedimentos, ou pré-teste, é um procedimento rotineiro nas pesquisas de campo, mas absolutamente indispensável.

Fazer o pré-teste consiste em aplicar os instrumentos da pesquisa em uma parcela da amostra a fim de verificar a validade ou relevância dos quesitos, a adequação do vocabulário empregado, o número e a ordem das perguntas formuladas etc.

Além da aferição dos instrumentos, o pesquisador vai testar seus procedimentos: a maneira de iniciar e conduzir uma entrevista; como abordar um informante que vai responder a um formulário; as atitudes que deve ou não adotar, enfim, todas as circunstâncias que envolvem a aplicação dos instrumentos, sua validade e adequação passam por uma revisão geral.

Caso seja observada alguma falha, nos instrumentos ou na sua aplicação, faz-se uma reformulação, para torná-los mais adequados, a fim de garantir o êxito da coleta de dados.

12.3 Técnicas da pesquisa de campo

A pesquisa de campo utiliza técnicas específicas, que têm o objetivo de recolher e registrar, de maneira ordenada, os dados sobre o assunto em estudo.

As técnicas específicas da pesquisa de campo são aquelas que integram o rol da documentação direta: a observação direta e a entrevista.

A observação direta, extensiva e intensiva, foi abordada no item 11.2.2. Quanto à técnica de entrevista, por sua importância e complexidade, será tratada, mais detalhadamente, a seguir.

12.4 Técnica de entrevistas

A entrevista constitui um instrumento eficaz na recolha de dados fidedignos para a elaboração de uma pesquisa, desde que seja bem elaborada, bem realizada e interpretada. Para tanto, faz-se necessário definir os objetivos e os tipos de entrevista e como deve ser planejada e executada.

Uma entrevista pode ter como objetivos averiguar fatos ou fenômenos; identificar opiniões sobre fatos ou fenômenos; determinar, pelas respostas individuais, a conduta previsível em certas circunstâncias; descobrir os fatores que influenciam ou que determinam opiniões, sentimentos e condutas; comparar a conduta de uma pessoa no presente e no passado, para deduzir seu comportamento futuro etc.

Marconi (1990, p. 85) apresenta três tipos de entrevistas: padronizada ou estruturada; despadronizada ou não estruturada; e painel:

a) *Entrevista padronizada ou estruturada.* Consiste em fazer uma série de perguntas a um informante, segundo um roteiro preestabelecido. Esse roteiro pode ser um formulário que será aplicado da mesma forma a todos os informantes, para que se obtenham respostas às mesmas perguntas. O teor e a ordem das perguntas não devem ser alterados, a fim de que se possam comparar as diferenças entre as respostas dos vários informantes, o que não seria possível se as perguntas fossem modificadas ou sua ordem alterada.

b) *Entrevista despadronizada ou não estruturada.* Consiste em uma conversação informal, que pode ser alimentada por perguntas abertas, proporcionando maior liberdade para o informante. Há três maneiras de se conduzir uma entrevista não padronizada:

- entrevista focalizada – mesmo sem obedecer a uma estrutura formal, preestabelecida, o pesquisador utiliza um roteiro com os principais tópicos relativos ao assunto da pesquisa;

- entrevista clínica – para esse tipo de entrevista torna-se necessário organizar perguntas específicas, que possam esclarecer a conduta, os sentimentos do entrevistado;

- entrevista não dirigida – o informante tem liberdade total para relatar experiências ou apresentar opiniões. O papel do pesquisador limita-se a incentivar o informante a falar sobre determinado assunto, sem, contudo, forçá-lo a responder.

c) *Painel.* Esse tipo de entrevista é realizado com várias pessoas, que são levadas a opinar sobre determinado assunto. Embora baseado na conversa informal, da qual participam vários entrevistados, a entrevista deve ser desenvolvida de maneira lógica, coerente. Para obter os resultados esperados, o pesquisador deve preparar um roteiro, a fim de que todos os entrevistados exponham pontos de vista sobre os mesmos assuntos. As perguntas podem ser repetidas, com uma formulação diferente, para que as respostas sejam confirmadas.

Quanto ao planejamento da entrevista, deve ser minucioso, adequando-se seu conteúdo aos dados que se pretende levantar.

O primeiro item a ser considerado no planejamento da entrevista diz respeito ao objetivo; é indispensável que o entrevistador saiba para que vai realizar a entrevista, quais as informações que pretende obter.

É necessário que o entrevistador conheça o entrevistado, saiba se ele apresenta condições técnicas, se preenche os requisitos exigidos para ser informante, se conhece o assunto e se está disposto a prestar informações.

Outro fator relevante para o sucesso de uma entrevista é o senso de oportunidade. Se o pesquisador vai entrevistar um usuário de transportes coletivos no momento em que ele aguarda a condução para voltar para casa, evidentemente, pode ter a entrevista encerrada repentinamente, devido à chegada do ônibus. O pesquisador precisa ser dotado de sensibilidade, escolher condições favoráveis para a realização da entrevista. Assim, deve marcar dia, hora e local com antecedência, garantir sigilo absoluto e procurar atender às conveniências do entrevistado.

Caso a entrevista tenha como informantes os componentes de um grupo social determinado, como, por exemplo, trabalhadores braçais, peões de obras, soldados aquartelados, internos em asilos ou hospitais, alunos de uma escola, torna-se necessário um contato prévio com os chefes ou líderes do grupo.

A preparação específica deve obedecer a um roteiro ou formulário previamente elaborado, a fim de que a coleta proporcione a obtenção de dados relevantes.

A realização da entrevista requer muita habilidade por parte do pesquisador. Algumas normas devem ser fielmente observadas.

Antes da entrevista é preciso definir se ela vai ser gravada ou apenas anotada. No primeiro caso, prepara-se o gravador, de preferência que dispense o uso de microfone externo, a fita, o roteiro ou formulário. Se a entrevista for simplesmente anotada, prepare papel, caneta ou lápis, anotando-se o que foi dito e como foi dito: entonação, ênfase, hesitação, constrangimento etc.

No contato inicial, explica-se para o informante quais as finalidades da entrevista, solicitando-se sua colaboração. Às vezes, é preciso garantir o sigilo para que o entrevistado se disponha a falar.

As perguntas deverão ser formuladas de acordo com os objetivos da pesquisa, em linguagem adequada ao nível de escolaridade do informante. Faz-se uma pergunta de cada vez, sem sugerir ou induzir a resposta. Em caso de hesitação ou constrangimento, não se insiste na questão.

Se não for usado o gravador, a anotação das respostas deve ser feita imediatamente, registrando-se fielmente as mesmas palavras do informante, sem resumir ou alterar. Gestos, atitudes e entonação deverão ser anotados também. Referências a nomes, lugares, dados, datas, porcentagens, prazos, quantidades, devem ser cuidadosamente anotadas. Sempre que possível, a entrevista deve realizar-se em ambiente que proporcione boas condições para a gravação ou para

Introdução à Metodologia do Trabalho Científico • Andrade

a anotação das respostas. O pesquisador deve conversar sobre temas gerais para deixar o entrevistado à vontade e depois começar a entrevista. É muito importante criar um clima cordial, poderia dizer-se informal, para que o entrevistado não se sinta inibido.

O pesquisador deve ouvir mais do que falar, procurando não interromper o entrevistado, aguardando-o em suas hesitações e incentivando, discretamente, a complementação das respostas.

No término da entrevista, são indispensáveis os agradecimentos, ressaltando-se a importância da colaboração para a realização da pesquisa.

12.5 Instrumentos da pesquisa

O planejamento de uma pesquisa inclui um plano de execução e a elaboração dos instrumentos que serão utilizados na coleta de dados: questionários, formulários, roteiros de entrevistas etc.

Inicialmente, cumpre fazer distinção entre questionário e formulário. Questionário é um conjunto de perguntas que o informante responde, sem necessidade da presença do pesquisador. O formulário também é constituído por uma série de perguntas, mas não dispensa a presença do pesquisador. Logicamente, a elaboração dos dois instrumentos difere em alguns pontos.

a) Questionário

Para elaborar as perguntas de um questionário é indispensável levar em conta que o informante não poderá contar com explicações adicionais do pesquisador. Por este motivo, as perguntas devem ser muito claras e objetivas. A preferência deve recair sobre o emprego de perguntas fechadas, ou seja, as que pedem respostas curtas e previsíveis.

Perguntas fechadas são aquelas que indicam três ou quatro opções de resposta ou se limitam à resposta afirmativa ou negativa, e já trazem espaços destinados à marcação da escolha.

Exemplos:

- **Os presidentes de sindicatos podem filiar-se a partidos políticos?**

   SIM ( )   NÃO ( )

- **O jogo do bicho deve ser legalizado?**

   SIM ( )   NÃO ( )   NÃO SEI ( )

Pesquisa de Campo 135

- **Você assiste a filmes na televisão?**
  1. Sempre   ( )
  2. Nunca   ( )
  3. Às vezes   ( )
  4. Raramente   ( )

As perguntas abertas dão mais liberdade de resposta, proporcionam maiores informações, mas têm a desvantagem de dificultar muito a apuração dos fatos. Dificilmente perguntas abertas podem ser tabuladas e precisam ser agrupadas, por semelhança, para serem analisadas.

Exemplos:

- **Qual sua opinião a respeito da legalização do jogo do bicho?** ......
  ....
- **Quais as causas da delinquência juvenil?** ....
  ....

Outra maneira de formular perguntas consiste em introduzir uma aberta, numa série de perguntas fechadas:

Exemplo:

- **O que você pretende fazer nas próximas férias?**
  1. Viajar   ( )
  2. Ficar em casa   ( )
  3. Visitar parentes no interior   ( )
  4. Praticar esportes   ( )
  5. Fazer curso de férias   ( )
  6. Outras atividades   ( ) **Quais?** ....
  ....

A combinação de respostas de escolha múltipla com uma aberta tem a vantagem de oferecer maior número de informações, sem dificultar grandemente a tabulação.

Quanto à linguagem utilizada, do número e à ordem das perguntas, valem algumas observações.

A linguagem empregada deve ser a mais clara possível, com vocabulário adequado ao nível de escolaridade dos informantes. As perguntas não podem sugerir ou induzir as respostas nem ser redigidas nas formas afirmativas ou negativas, que levem à concordância, até pela lei do menor esforço.

Exemplo:

Você acha que a aculturação dos indígenas traz mais problemas do que benefícios para eles?

A tendência é obter respostas afirmativas para tal pergunta, que implicitamente contém a afirmação.

Não é possível determinar o número ideal de perguntas. Isto depende do assunto e do volume de informações que se pretende coletar.

No que diz respeito à ordem das perguntas, além de manter uma sequência lógica, devem ser evitadas as perguntas em série, quando induzem a resposta. Por exemplo:

1. **Você é católico?**
2. **É praticante?**
3. **Conhece a opinião do Papa sobre a pena de morte?**
4. **Você é contra ou a favor da pena de morte no Brasil?**

Se as três primeiras perguntas tiveram respostas afirmativas, numa sequência lógica, a quarta deverá ser contra, para não criar contradição.

b) Formulário

O formulário é usado quando se pretende obter respostas mais amplas, com maior número de informações.

Entre as vantagens de aplicar-se o formulário, destacam-se:

- o formulário pode ser aplicado para qualquer tipo de informante, seja ou não alfabetizado, uma vez que pode ser preenchido pelo pesquisador;

- apresenta mais flexibilidade, pois o pesquisador pode reformular perguntas, adaptando-as a cada situação, modificando itens ou tornando a linguagem mais clara;

- o pesquisador pode explicar melhor os objetivos da pesquisa, esclarecer o significado de termos ou explicar melhor o objeto da questão;

- o formulário possibilita a coleta de dados mais complexos e mais numerosos que o questionário;
- o pesquisador preenche ou orienta o preenchimento, proporcionando mais uniformidade na anotação das respostas.

A formulação das perguntas deve ser clara, objetiva, ordenada, conforme as sugestões oferecidas para a elaboração do questionário.

c) Entrevista

O tipo de entrevista padronizada ou estruturada baseia-se nos formulários. Elabora-se o formulário que conterá o número e o teor de perguntas de acordo com o material que se pretende coletar.

Na entrevista padronizada, o formulário deve ficar sobre uma mesa ou outra superfície lisa, de maneira que o entrevistador não precise fazer esforço para levar os olhos do rosto do informante à folha do formulário. Este detalhe é importante, pois, além de facilitar a formulação das perguntas, não dispersa a atenção nem do pesquisador, nem do entrevistado.

No caso da entrevista focalizada, elabora-se um roteiro com os tópicos que serão abordados, para orientar a "conversa". Este tipo de entrevista confere mais liberdade tanto para o pesquisador quanto para o entrevistado. As perguntas não são rigidamente formuladas, o entrevistado pode alongar-se em determinados tópicos, trazendo mais informações e a entrevista transcorre mais como conversa informal, mesmo quando o roteiro é obedecido.

Ocorre que a maior liberdade exige do pesquisador mais segurança, melhor preparo, mais presença de espírito, enfim, o resultado da entrevista vai depender, muito mais, da competência do entrevistador.

12.6 A coleta de dados

Para a coleta de dados deve-se elaborar um plano que especifique os pontos de pesquisa e os critérios para a seleção dos possíveis entrevistados e dos informantes que responderão aos questionários ou formulários.

A maneira de aplicar formulários e questionários ou conduzir entrevistas deverá também ser definida e planejada.

Todas as etapas da coleta de dados devem ser esquematizadas, a fim de facilitar o desenvolvimento da pesquisa, bem como assegurar uma ordem lógica na execução das atividades.

A coleta de dados constitui uma etapa importantíssima da pesquisa de campo, mas não deve ser confundida com a pesquisa propriamente dita. Os dados

138 Introdução à Metodologia do Trabalho Científico • Andrade

coletados serão posteriormente elaborados, analisados, interpretados e representados graficamente. Depois, será feita a discussão dos resultados da pesquisa, com base na análise e interpretação dos dados.

12.7 A elaboração dos dados

A elaboração dos dados compreende: seleção, categorização e tabulação.

a) A seleção dos dados visa à exatidão das informações obtidas. Caso seja verificada alguma falha ou discrepância, torna-se indispensável averiguar se houve lapso ou inabilidade do pesquisador ao coletar os dados. Neste caso, deve-se retornar ao campo e reaplicar os instrumentos de pesquisa, para corrigir alguma distorção ocorrida na coleta. Procura-se, dessa maneira, evitar informações confusas ou incompletas.

Lembre-se, porém, que a seleção tem por finalidade corrigir tanto falhas quanto excesso de informações.

b) Categorização. A categorização dos dados realiza-se mediante um sistema de codificação. A codificação ou transformação dos dados em símbolos facilita a contagem e tabulação dos resultados obtidos.

Ao elaborar-se o planejamento da pesquisa já se decide se a codificação será efetuada antes ou depois da coleta. No primeiro caso, os questionários e formulários devem conter campos próprios para esse fim. Por exemplo, se foi atribuído um número ou letra para identificar o sexo do informante, o formulário ou questionário conterá essa informação:

Categoria – Sexo: **Masculino (1),   (M)   ou   (A);**

                          Feminino (2),   (F)   ou   (B).

A codificação posterior é empregada quando os dados exigem julgamento mais complexo, porém os critérios dessa codificação devem ser determinados no planejamento.

Portanto, a codificação consiste em classificar os dados, agrupando-os em categorias; em seguida, atribui-se um código, número ou letra a cada categoria. Este procedimento, além de facilitar a contagem e a tabulação, transforma dados qualitativos em quantitativos, tornando mais clara sua representação.

c) Tabulação. Consiste em dispor os dados em tabelas, para maior facilidade de representação e verificação das relações entre eles.

A tabulação pode ser manual ou eletrônica. A tabulação eletrônica é indicada no caso de dados muito numerosos, para garantir uma boa análise num espaço de tempo mais curto. Porém, os custos elevados desaconselham seu emprego em pesquisas que não envolvam dados numerosos. Neste caso, é preferível lançar mão de processos de contagem mais simples, como os traços e riscos, quadrados ou retângulos:

$$\cancel{||||} = 5 \text{ ou } \sqcup \quad (2) \quad \square \quad (3) \quad \boxed{/} \quad (5)$$

A construção de tabelas inclui-se no tratamento estatístico dos dados obtidos.

A análise e interpretação constituem dois processos distintos, mas inter-relacionados. Esses processos variam significativamente, de acordo com o tipo de pesquisa. Nas pesquisas experimentais, nas que incluem levantamentos, identificar e ordenar os dados obtidos não chega a ser grande problema. Em outros tipos de pesquisa, como no estudo de caso, torna-se impossível estabelecer um esquema rígido de análise e interpretação.

Inicia-se a análise pela apresentação e descrição dos dados coletados. Através da análise procura-se verificar as relações existentes entre o fenômeno estudado e outros fatores; os limites da validade dessas relações; buscam-se, também, esclarecimentos sobre a origem das relações.

Nunca é demais lembrar que os dados não apresentam importância em si mesmos; a relevância está no fato de, através dos dados, chegar-se às conclusões, procedendo-se a avaliações e generalizações; inferências de relações causais que conduzem à interpretação.

Assim sendo, o objetivo da análise é organizar, classificar os dados para que deles se extraiam as respostas para os problemas propostos, que foram objeto da investigação.

A interpretação procura um sentido mais amplo nas respostas, estabelecendo uma rede de ligações entre os resultados da pesquisa, que são cotejados com outros conhecimentos anteriormente adquiridos.

Evite-se, na interpretação, que haja confusão entre fatos e afirmações: as afirmações devem ser comprovadas, antes de serem aceitas como fatos. Falsos pressupostos que podem levar a analogias inadequadas devem ser igualmente evitados.

12.8 Representação dos dados

A representação dos dados obtidos faz-se, principalmente, por meio de tabelas e gráficos, isto é, os dados são submetidos a um tratamento estatístico.

140 Introdução à Metodologia do Trabalho Científico • Andrade

A estatística permite analisar qualquer fenômeno, sem a necessidade de examinar todos os elementos deste fenômeno. A quantidade total dos elementos componentes do fenômeno denomina-se *universo* ou população. Uma parcela de quantidade retirada do universo denomina-se *amostra*, que deve ser representativa do universo. Perguntando-se aos torcedores fanáticos, na porta do estádio de um clube esportivo: – "Quem você escalaria para a seleção do Brasil?" – obtém-se uma resposta óbvia; isso constitui uma amostra viciada.

Os resultados encontrados nas amostras são estimativas daqueles que seriam encontrados na investigação global do universo, portanto, contêm um erro estatístico, que pode ser calculado. Caso a margem de erro não seja considerada satisfatória, pode ser alterada, pela mudança da quantidade da amostra. Há uma correlação inversa entre os dois parâmetros: para reduzir a margem de erro da estimativa, aumenta-se o número de elementos da amostra e vice-versa.

Após a seleção criteriosa da amostra, a análise estatística apresenta as seguintes fases:

a) coleta dos dados;

b) crítica dos dados;

c) apuração dos dados: contagem e ordenação;

d) exposição dos resultados: gráficos e tabelas;

e) interpretação dos fatos.

Tabela. A tabela é um meio muito eficaz de expor os resultados obtidos, pois facilita a compreensão e a interpretação dos dados, permitindo não só a apreensão global, mas também o relacionamento entre eles.

Na construção de uma tabela, os dados são apresentados em colunas verticais e fileiras horizontais, que obedecem à classificação dos materiais da pesquisa.

Quanto mais simples for uma tabela, mais clara e objetiva será; por isso, aconselha-se, para um grande número de dados, utilizar um número maior de tabelas.

Definições, simbologia, terminologia e normas utilizadas na construção de tabelas são determinadas pelo Conselho Nacional de Estatística.

Inicialmente, faz-se a divisão da tabela em partes principais e partes secundárias. As partes principais são:

• corpo – é a conjugação das informações que aparecem no sentido horizontal e vertical;

• coluna indicadora – é a divisão em sentido vertical, onde aparece a designação da natureza do conteúdo de cada linha;

• cabeçalho – indica a natureza do conteúdo de cada coluna;

• casa – cada um dos valores que aparecem no corpo da tabela.

Cabeçalho		**Cabeçalho**		
	Casa			
Casa			**Casa**	
		Casa		

➤ **Colunas indicadoras**

As partes secundárias de uma tabela são:

- título – aparece sempre na parte superior da tabela e deve ser o mais claro e completo possível;
- rodapé – espaço na parte inferior da tabela, utilizado para colocar informações necessárias, referentes aos dados;
- fonte – indicação da entidade responsável pela elaboração da tabela; coloca-se no rodapé, depois do fecho da tabela;
- notas e chamadas – aparecem também no rodapé, de maneira resumida, depois da fonte. Nota tem caráter geral, refere-se ao todo da tabela; serão numeradas com algarismos romanos, quando houver mais de uma. Chamada tem caráter particular, refere-se a um item específico da tabela; são numeradas com algarismos arábicos, entre parêntesis. Exemplo:

TÍTULO → **VEÍCULOS MOTORIZADOS MAIS VENDIDOS EM 1993**

TIPO	QUANTIDADE	
Automóveis	568.159	
Caminhões	211.832	
Ônibus	103.257	
Caminhonetes	56.748	
Biciclos[1]	15.945	

CORPO

RODAPÉ

FONTE: *Jornal do carro*, nº 93.
NOTA: Dados colhidos nas revendedoras.
   (1) Não considerar as bicicletas motorizadas.

142 Introdução à Metodologia do Trabalho Científico • Andrade

Observações:

- as colunas externas de uma tabela devem permanecer sempre abertas;
- quando uma tabela apresentar muitas linhas e poucas colunas, pode-se desmembrá-la em maior quantidade de colunas, separando cada desmembramento com linhas duplas.

Exemplo:

Alunos matriculados no Colégio XXX

Ano	Alunos	Ano	Alunos	Ano	Alunos
1981	730	1985	850	1989	810
1982	720	1986	790	1990	790
1983	700	1987	830	1991	760
1984	700	1988	800	1992	750

- Apresentação dos números e símbolos:
  - todo número inteiro constituído de mais de três algarismos deve ser agrupado de três em três, da direita para a esquerda, separando cada grupo com um ponto: 7.426.309. Excetuam-se:

    os algarismos que representam o ano – 1993;

    número de telefone – 256-6611;

    número de placas de veículos – BMF 9192.
  - a parte decimal de um número deverá ser separada da inteira pela vírgula – 6,53 (e não 6.53);
  - a unidade de medida não leva o /s/ do plural e nem ponto final como abreviatura – 12m (e não 12 ms./12m./12mts);
  - os símbolos de unidade de medida aparecem depois do número, sem espaço entre eles – 3,5g (e não 3 g,5/ 3,5 g.).

- Arredondamento de números.

Arredonda-se um número para simplificá-lo, mas esta simplificação depende da natureza e da importância do número dentro do fato observado. De maneira geral, não convém fazer o arredondamento, que representa um erro estatístico. O erro estatístico deve ser sempre o menor possível.

Gráficos. Gráficos são figuras usadas para a representação de dados numéricos ou resultados extraídos da análise de dados, que permitem evidenciar as relações ou estabelecer comparações entre eles.

Quando dois ou mais gráficos forem apresentados para estabelecer comparações, eles deverão obedecer à mesma escala e, se possível, serão colocados lado a lado.

São vários os tipos de gráficos: linear, de barras ou colunas, circular, de setores etc. Gráficos de setores mostram partes de um todo, proporções, porcentagens, divisões ou quotas. Gráfico linear mostra a flutuação de dados por certo espaço de tempo. Gráfico de barras mostra itens semelhantes de maneira ordenada; os de barras duplas indicam correlações entre séries diferentes.

Os mais simples e mais fáceis de serem elaborados são os de colunas e os de setores.

Para construir um gráfico de colunas, basta usar papel quadriculado e régua.

Exemplo:

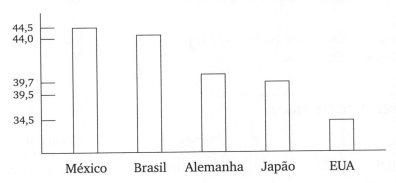

JORNADA DE TRABALHO SEMANAL, EM HORAS

Fonte: *Folha de S. Paulo*, 12-09-93, Cad. 7, p. 1.

O gráfico de barras horizontais pode ser complementado por tabelas:

VOCÊ VOTARIA A FAVOR OU CONTRA A PENA DE MORTE?

TOTAL

	SEXO		IDADE		
	masculino	feminino	De 16 a 25 anos	De 26 a 40 anos	41 anos ou mais
A favor	54	42	45	50	49
Contra	39	47	50	41	38
Depende	5	5	3	5	6
Não sabe	3	6	2	4	7

48 A favor
43 Contra
5 Depende
4 Não sabe

TOTAL

	ESCOLARIDADE			RENDA FAMILIAR MENSAL		
	1º grau	2º grau	3º grau	Até 5 S.M.	De 5 a 10 S.M.	Mais de 10 S.M.
A favor	51	44	41	48	50	49
Contra	40	47	51	43	42	45
Depende	3	6	7	4	6	5
Não sabe	6	2	1	5	2	1

48 A favor
43 Contra
5 Depende
4 Não sabe

Fonte: *Folha de S. Paulo,* 20-09-91, Cad. 1, p. 10.

Os mesmos elementos podem ser representados em um gráfico de barras, setores ou linear. Exemplos:[1]

ORÇAMENTO MENSAL	Previsão R$	Gastos R$
ALIMENTAÇÃO	1.198,80 (48,0%)	1.375,00 (55,0%)
ALUGUEL	482,50 (19,3%)	482,50 (19,3%)
TAXAS ESCOLARES	230,00 (09,2%)	230,00 (09,2%)
DIVERSOS	199,80 (08,0%)	202,50 (08,1%)
VESTUÁRIO	149,85 (06,0%)	147,50 (05,9%)
POUPANÇA	235,00 (09,5%)	60,00 (02,4%)

---

1 Exemplos baseados em LARSEN, G.H. *Harvard graphics,* p. 55, 60 e 64.

a) Barras duplas, indicando relações entre previsão e gastos:

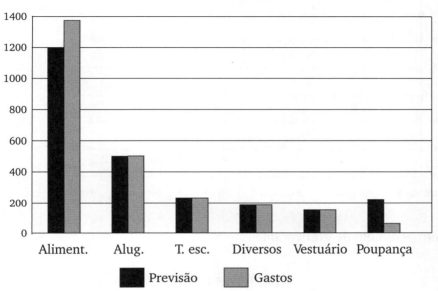

b) Gráfico de setores:

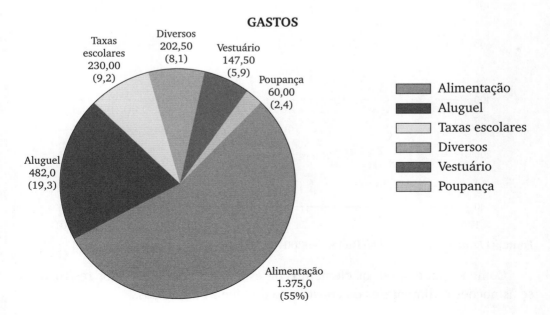

c) Gráfico linear:

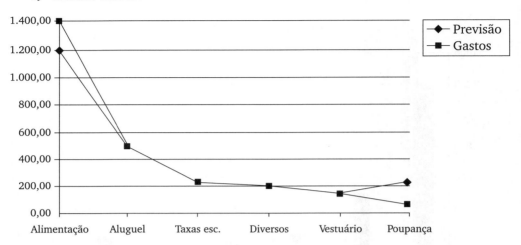

Outro exemplo de gráfico linear:

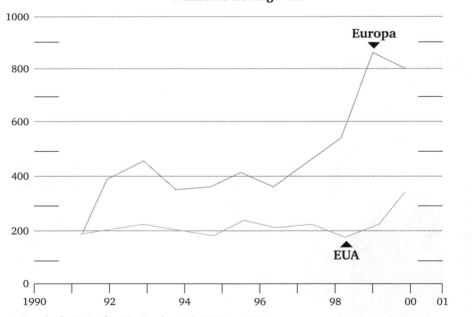

Fonte: *O Estado de S. Paulo,* São Paulo, 7-6-2001, p. B15.

Como se pode notar, os elementos de estatística aqui oferecidos restringem-se às noções rudimentares da construção de tabelas e gráficos.

13

▲ O relatório de pesquisa

13.1 Partes que compõem um relatório

A apresentação escrita do Relatório de Pesquisa obedece, de modo geral, às mesmas normas de apresentação dos trabalhos científicos.

As partes que compõem um Relatório são: folha de rosto, sumário, índice, introdução, desenvolvimento e conclusão. Caso sejam necessários, apêndices e anexos; no final, bibliografia.

A folha de rosto deve conter as informações essenciais, como já foi especificado. O sumário é o resumo das etapas da pesquisa. O índice é utilizado para indicar as páginas que contêm ilustrações, como fotografias, desenhos, figuras etc.

13.2 Introdução

A introdução do Relatório compõe-se dos seguintes elementos: a) título (tema); b) delimitação do assunto; c) objetivos; d) hipóteses; e) variáveis; f) universo da pesquisa (amostragem); g) justificativa; h) procedimentos metodológicos.

a) O título, geralmente, corresponde ao tema da pesquisa. Devem ser evitados os títulos longos demais, optando-se pelo que melhor corresponde ao conteúdo do trabalho.

148 Introdução à Metodologia do Trabalho Científico • Andrade

b) Delimitação do assunto. Especifica-se qual o enfoque, a extensão e profundidade do assunto a ser investigado, conforme as normas sugeridas para os trabalhos em geral.

c) Objetivos. Neste item especificam-se os objetivos da pesquisa. Toda pesquisa deve ter objetivos bem claros e definidos. Os objetivos podem ser gerais e particulares. O objetivo geral acha-se ligado ao tema do trabalho; a pesquisa bibliográfica constitui a melhor orientação para se fixar os objetivos gerais. Os objetivos específicos referem-se ao assunto propriamente dito: o que se pretende demonstrar ou a que conclusões se pretende chegar com o trabalho. É indispensável a quem pretende fazer uma pesquisa saber por quê? e para quê? vai realizá-la. Com os objetivos bem definidos, torna-se mais fácil conduzir a investigação; para quem sabe aonde quer chegar, conhece os caminhos e os instrumentos, a questão é organizar-se e ir a campo.

d) Hipóteses. As hipóteses do trabalho devem ser bem explicitadas. A formulação das hipóteses é fundamental para o desenvolvimento da pesquisa e todo o trabalho será desenvolvido para saber-se, após a análise e interpretação dos dados coletados, se as hipóteses foram ou não confirmadas. Não há um método prático e infalível para formular-se hipóteses; o pesquisador deve imaginar possíveis soluções para o problema em estudo, ou determinar as conclusões lógicas, baseando-se na literatura básica da área, na sua experiência pessoal, em leituras e analogias, observando os critérios recomendados no subitem 5 da seção 12.2.

e) Variáveis. A indicação das variáveis é uma decorrência das hipóteses formuladas e deve ser feita logo em seguida. Conforme o que foi explicitado no subitem 6 de 12.2, a relevância das variáveis muda de pesquisa para pesquisa. Levando-se em consideração que as variáveis atuam sobre o objeto de estudo, só é possível indicá-las mediante o conhecimento desse objeto e das hipóteses formuladas.

f) Universo da pesquisa. É importante indicar o universo da pesquisa, deixando bem clara sua delimitação. O universo da pesquisa corresponde à amostra do universo global, isto é, em dada população, os sujeitos que serão efetivamente pesquisados. Na realização de um trabalho sobre os motivos pelos quais as mães levam seus filhos para a creche, evidentemente, não será possível pesquisar *todas* as mães. As mães que levam seus filhos para determinada creche ou creches, selecionadas como amostra do universo, é que serão os sujeitos da pesquisa ou o universo da pesquisa.

g) Justificativa. A finalidade da justificativa é esclarecer por que o tema foi escolhido, ressaltar sua importância, os trabalhos realizados na área e as contribuições que poderão advir da realização da pesquisa. Pode-se também elaborar um histórico sucinto do problema, para demonstrar o

O Relatório de Pesquisa **149**

estágio de desenvolvimento do assunto, valendo-se para isto do material levantado na pesquisa bibliográfica.

h) Procedimentos. Trata-se, aqui, de descrever os procedimentos metodológicos da pesquisa. Nesta parte definem-se os critérios utilizados: como foram determinados os pontos da pesquisa; qual a delimitação do universo; a escolha, a quantidade e as características dos informantes; as técnicas e os instrumentos da pesquisa; as etapas da coleta de dados; quantas entrevistas, quantos formulários foram aplicados. Descrevem-se também os métodos empregados para a representação dos dados, os parâmetros da análise e interpretação, os resultados e as conclusões. Pelo exposto, deduz-se que a realização da pesquisa, desde o planejamento até o final deve ser descrita, de maneira sucinta.

13.3 Desenvolvimento

O desenvolvimento do Relatório corresponde aos seguintes itens: apresentação dos dados obtidos; análise e interpretação; representação dos dados, em gráficos e tabelas; discussão dos resultados.

Para a apresentação dos dados, análise e interpretação confiram-se as sugestões contidas na seção 12.7.

A discussão dos resultados será feita após a representação dos dados. O conteúdo dos gráficos e tabelas deve ser objeto da análise e, ainda que os dados estejam claramente representados, devem ser mencionados na discussão. Isto quer dizer que na redação do trabalho serão analisados os dados apresentados em gráficos e tabelas.

13.4 Conclusão

A conclusão consiste em uma síntese interpretativa da pesquisa. Procede-se à revisão dos principais fatos e retomam-se as hipóteses a fim de verificar-se a confirmação ou rejeição.

Na conclusão cabem, ainda, sugestões para outros trabalhos, com novo enfoque, mais amplo, ou sobre assunto correlato.

13.5 Parte referencial

A parte referencial, como foi referido, consta de Apêndices, Anexos e Bibliografia.

150 Introdução à Metodologia do Trabalho Científico • Andrade

Ficha de informante, modelo de questionário e formulário, roteiro de entrevista fazem parte do Apêndice. Recortes de jornais e revistas, mapas, figuras, estatutos, programas de cursos etc. compõem os Anexos.

Fotografias e ilustrações, de autoria de quem realizou o trabalho, incluem-se no Apêndice; se de autoria alheia, devem constar dos Anexos.

A ordem alfabética dos autores constitui a maneira mais fácil de organizar a Bibliografia. Lembrar sempre que as normas da ABNT devem ser respeitadas.

13.6 Apresentação

A apresentação bem-feita é o reflexo de um trabalho cuidadosamente planejado e desenvolvido através de procedimentos rigorosamente científicos.

Antes da entrega do Relatório de Pesquisa, faz-se uma revisão do conteúdo do trabalho e dos aspectos exteriores, segundo as normas para a apresentação: numeração, margens, espaços, correção gráfica e ideológica das citações, destaque dos títulos e subtítulos importantes, correção da ordem alfabética e dos procedimentos para elaborar a bibliografia.

Encadernar o trabalho, usando plástico transparente para a capa, contribui para melhorar o aspecto estético da apresentação.

Bibliografia

ANDRADE, M. M.; HENRIQUES, A. *Língua portuguesa*: noções básicas para cursos superiores. 3. ed. São Paulo: Atlas, 1992.

ASSOCIAÇÃO BRASILEIRA DE NORMAS TÉCNICAS (ABNT). *Informação e documentação – Projeto de pesquisa – Apresentação*. ABNT NBR 15287:2005. Rio de Janeiro: ABNT, dez. 2005. Válida a partir de 30.1.2006.

_____. *Informação e documentação – Trabalhos acadêmicos – Apresentação*. ABNT NBR 14724:2005. 2. ed. Rio de Janeiro: ABNT, dez. 2005. Esta Norma cancela e substitui a ABNT NBR 14724:2002. Válida a partir de 30.1.2006.

_____. *Informação e documentação – Resumo – Apresentação*. NBR 6028:2003. Rio de Janeiro: ABNT, nov. 2003. Esta Norma substitui a NBR 6029:1990.

_____. *Informação e documentação – Referências – Elaboração*. NBR 6023:2002. Rio de Janeiro: ABNT, ago. 2002. Esta Norma substitui a NBR 6023:2000.

_____. *Informação e documentação – Artigo em publicação periódica impressa – Apresentação*. NBR 6022:2003. Rio de Janeiro: ABNT, maio 2003. Esta Norma substitui a NBR 6022:1994.

_____. *Informação e documentação – Sumário – Apresentação*. NBR 6027:2003. Rio de Janeiro: ABNT, maio 2003. Esta Norma substitui a NBR 6027:1989.

_____. *Informação e documentação – Citações em documentos – Apresentação*. NBR 10520:2002. Rio de Janeiro: ABNT, ago. 2002. Esta Norma substitui a NBR 10520:2001.

_____. *Apresentação de relatórios técnico-científicos*. NBR 10719:1989. Rio de Janeiro: ABNT, ago. 1989.

152 Introdução à Metodologia do Trabalho Científico • Andrade

ASSOCIAÇÃO BRASILEIRA DE NORMAS TÉCNICAS (ABNT). *Referências bibliográficas.* NBR 6023:1989. Rio de Janeiro: ABNT, out. 1989.

_____. *NBR 6023:2002. Informação e documentação. Referências – Elaboração.* Rio de Janeiro: ABNT, ago. 2002.

BARRAS, Robert. *Os cientistas precisam escrever*: guia de redação para cientistas, engenheiros e estudantes. São Paulo: T.A. Queiroz/Edusp, 1979.

CERVO, A. L.; BERVIAN, P. A. *Metodologia científica.* 3. ed. São Paulo: McGraw-Hill do Brasil, 1983.

CHERRY, C. *A comunicação humana*: uma vista, de conjunto e uma crítica. 2. ed. São Paulo: Cultrix: Edusp, 1974.

CHIZZOTTI, A. *Pesquisa em ciências humanas e sociais.* São Paulo: Cortez, 1991.

DAVIS, F. *A comunicação não verbal.* São Paulo: Summus, 1979.

ECO, Umberto. *Como se faz uma tese.* 3. ed. São Paulo: Perspectiva, 1986.

FREIRE, Paulo. *A importância do ato de ler*: em três artigos que se completam. 7. ed. São Paulo: Cortez, 1984.

GIL, A. C. *Como elaborar projetos de pesquisa.* São Paulo: Atlas, 1987a.

_____. *Métodos e técnicas de pesquisa social.* São Paulo: Atlas, 1987b.

_____. *Técnicas de pesquisa em economia.* São Paulo: Atlas, 1988.

_____. *Metodologia do ensino superior.* São Paulo: Atlas, 1990.

HAYAKAWA, I. S. *A linguagem no pensamento e na ação.* 2. ed. rev. São Paulo: Pioneira, 1972.

KNELLER, G. F. *Arte e ciência da criatividade.* 4. ed. São Paulo: Ibrasa, 1976.

KOCH, I. G. Villaça. *Argumentação e linguagem.* 3. ed. São Paulo: Cortez, 1993.

KOTAIT, I. *Editoração científica.* São Paulo: Ática, 1981.

KRISTEVA, J. *História da linguagem.* Lisboa: Edições 70, [1980].

LAKATOS, E. M. *Sociologia geral.* 4. ed. São Paulo: Atlas, 1981.

_____; MARCONI, M. de A. *Metodologia do trabalho científico.* 4. ed. São Paulo: Atlas, 1992.

_____. *Metodologia científica.* 2. ed. rev. e aum. São Paulo: Atlas, 1991.

_____. *Fundamentos de metodologia científica.* São Paulo: Atlas, 1985.

LARSEN, G. H. *Harvard graphics*: guia do usuário. São Paulo: McGraw-Hill/Makron, 1990.

LIMA SOBRINHO, Barbosa. *A língua portuguesa e a unidade do Brasil.* 2. ed. rev. Rio de Janeiro: J. Olympio; Brasília: I.N.L., 1977.

MARCONI, M. de A.; LAKATOS, E. M. *Técnicas de pesquisa*. 2. ed. São Paulo: Atlas, 1990.

MORAES, I. N. *Elaboração da pesquisa científica*. São Paulo: Álamo/Faculdade Ibero-Americana, 1985.

NÉRICI, I. G. *Metodologia do ensino*: uma introdução. 2. ed. São Paulo: Atlas, 1981.

_____. *Introdução à didática geral*. 15. ed. São Paulo: Atlas, 1985.

PENTEADO, J. R. Whitaker. *A técnica da comunicação humana*. 8. ed. São Paulo: Pioneira, 1982.

RUIZ, J. A. *Metodologia científica*: guia para eficiência nos estudos. 3. ed. São Paulo: Atlas, 1991.

SALOMON, D. V. *Como fazer uma monografia*: elementos de metodologia do trabalho científico. 5. ed. Belo Horizonte: Interlivros, 1977.

SALVADOR, A. D. *Métodos e técnicas de pesquisa bibliográfica*. 6. ed. rev. e aum. Porto Alegre: Sulina, 1977.

SEVERINO, A. J. *Metodologia do trabalho científico*. 12. ed. rev. São Paulo: Cortez, 1985.

_____, _____. 21. ed. rev. e ampl. São Paulo: Cortez, 2000.

_____. *Educação, ideologia e contraideologia*. São Paulo: EPU, 1986.

SILVA, Ezequiel T. da. *Leitura e realidade brasileira*. Porto Alegre: Mercado Aberto, 1983.

SOARES, M. B.; CAMPOS, E. N. *Técnica de redação*. Rio de Janeiro: Ao Livro Técnico, 1978.

SPINA, Segismundo. *Normas gerais para os trabalhos de grau*. São Paulo: Fernando Pessoa, 1974.

SZPIGEL, Sérgio. Mecânica quântica: a alquimia do século XX. *Alchimica*. Jornal do Curso de Química da Universidade Mackenzie, out. 1990, p. 2.

TRIVIÑOS, A. N. S. *Introdução à pesquisa em ciências sociais*: a pesquisa qualitativa em educação. São Paulo: Atlas, 1987.

VARGAS, M. *Metodologia da pesquisa tecnológica*. Rio de Janeiro: Globo, 1985.

Índice remissivo

Adobe Acrobat Reader, 33, 35

Ajuda, 37

Análise de textos, 9

Anexos, 82

Anotações, 47

Apêndices, 82

Apresentação, 150

Apresentação dos trabalhos: aspectos exteriores, 83

Arquivos, 35

    copiar, 35

    Editar, 35

    eletrônicos, 31

    extensão, 35

    Salvar Como, 34

Assunto: delimitação, 72

Avaliação do seminário, 103, 104

Banco de dados, 43

    páginas, 31

Bibliografia, 82

Bibliografia: como elaborar, 58

Bibliografia: organização, 65

Bibliotecas da USP, 38, 40

    virtuais, 30

Biblioteca: uso, 25

Busca, 32, 33, 34, 36, 37, 38, 39, 40, 41

    efetuar, 31

    lixo, 36

    sites, 31

Buscador, 31

Categorização, 138

Citações: espécies, 91

Clareza e concisão, 90

Coleta de dados, 46, 137

Computador, 32, 33, 35

    rede, 31

Conclusão, 81, 149

Consulta, 31, 39, 40

Copiar conteúdo, 35

    disco rígido, 35

    disquete, 35

    download, 35

Cortesia, 91

Dados: coleta, 46

Dados: representação, 139

Delimitação do assunto, 128

Delimitação do universo da pesquisa, 130

Desenvolvimento, 80, 149

Disco rígido, 35

Disquete, 35

Documentação direta, 123

Documentação dos dados, 47

Documentação indireta, 123

Download, 35

Elaboração de seminários, 97

Elaboração dos dados, 138

Elaboração do trabalho de graduação: fases, 71

Endereço, 31, 34, 35

   de páginas, 37

   site, 32

Entrevista, 131, 137

Entrevista estruturada, 132

Entrevista não estruturada, 132

Entrevista-painel, 132

Escolha do tema, 127

Escrita: normas gerais, 97

Espaço, 84

Esquemas, 12

Estilo, 90

Explorer, Internet, 30, 35

Fases da elaboração dos trabalhos de graduação, 71

Fichamentos, 47

Fichários: organização, 49

Fichas, 47

Fichas de apreciação, 49

Fichas de esquemas, 49

Fichas de ideias sugeridas pelas leituras, 49

Fichas de indicações bibliográficas, 48

Fichas de resumos, 49

Fichas de transcrições, 48

Fichas: tamanho, 47

Fichas: uso e organização dos fichários, 49

Folha de rosto, 77

Folhas: tamanho, 83

Fontes bibliográficas, 25

Fontes: classificação, 28

Fontes: identificação, 27

Fontes primárias e secundárias, 28

Formulação do problema, 128

Formulário, 136

Hipótese: construção, 129

Hipóteses, 148

Impessoalidade, 89

Impressos diversos, 28

Imprimir, 34, 35

Informações: localização, 46

Instrumentos da pesquisa, 131, 134

Internet, 31, 33, 34, 35, 39, 40, 41

Internet Explorer, 30

   rede mundial, 30

Introdução, 79, 147

Justificativa, 148

Leitura, 3

Leitura analítica, 46

Leitura crítica, 8

Leitura crítica para a redação final, 58

Leitura de reconhecimento, 8

Leitura: fases da – informativa, 8

Leitura: finalidades, 7

Leitura interpretativa, 8, 46

Leitura: modalidades, 7

Leitura prévia, 46

Leitura reflexiva, 8

Leitura seletiva, 8, 46

Leitura: tipos, 4

Leituras e fichamentos, 73

Levantamento bibliográfico, 128

Linguagem gestual, 6

Livros de leitura corrente, 28

Livros de referência, 28

Margens e espaços, 84

Metabuscadores, 31, 41

Método comparativo, 121

Método dedutivo, 118

Método dialético, 120

Método estatístico, 121

Método estruturalista, 122

Método funcionalista, 122
Método hipotético-dedutivo, 120
Método histórico, 121
Método indutivo, 118
Método monográfico ou estudo de caso, 122
Métodos, 117
Métodos de abordagem, 118
Métodos de procedimentos, 121
Métodos e técnicas de pesquisa, 117
Métodos e técnicas: seleção, 129
Modéstia e cortesia, 91
Navegador, 34, 35
   copiando, 34
   Internet Explorer, 30
   Netscape Communicator, 30
Normas para a apresentação escrita e oral, 102
Normas para a redação do trabalho científico, 89
Notas de rodapé, 94
Numeração, 83
Objetividade, 89
Obras de estudo, 28
Organização da bibliografia, 58
Originalidade, 127
Página principal, 32
Papel: tamanho, 83
Parte referencial, 81
Partes obrigatórias do trabalho científico, 79
Periódica, 28
Pesquisa bibliográfica, 25, 30, 74, 114
   booleana, 36, 40
   site, 31
Pesquisa bibliográfica: fases, 45
Pesquisa científica, 109, 114
Pesquisa: conceito, 109
Pesquisa de campo, 125
Pesquisa de laboratório, 114
Pesquisa: delimitação do universo, 130
Pesquisa descritiva, 112
Pesquisa documental, 113
Pesquisa explicativa, 112
Pesquisa exploratória, 112

Pesquisa: finalidades, 110
Pesquisa: métodos e técnicas, 117
Pesquisa: natureza, 111
Pesquisa: objetivos, 112
Pesquisa: planejamento, 126
Pesquisa quanto ao objeto, 113
Pesquisa quanto aos procedimentos, 113
Pesquisa: relatório, 138
Pesquisa: requisitos, 110
Pesquisa: técnicas, 122
Pesquisa: tipologia, 111
Planejamento da pesquisa, 126
Planejamento do trabalho, 74
Plano do trabalho, 57
Pré-leitura, 8
Procedimentos metodológicos da pesquisa, 149
Projeto de pesquisa, 125
Provedores, 39
Questionário, 134
Redação das partes, 57
Redação final, 76
Redação prévia das partes, 75
Rede, 30, 32, 35
   computador, 31
Referências acadêmicas, 41
Referências bibliográficas, 149
Reflexão, 73
Relatório de pesquisa, 147
Relatório: partes, 147
Relevância do tema, 127
Resenha, 16
Resultados, otimizando, 35
Resumo analítico, 16
Resumo crítico, 16
Resumo descritivo, 15
Resumo informativo, 16
Resumo: redação, 17
Resumos, 15
Revisão do conteúdo e da redação, 75
Rodapé, 94
Seleção de métodos e técnicas, 130
Seleção do material, 56

Seleção do material coletado, 73
Seminário: avaliação, 103
Seminário: modalidades, 98
Seminário: objetivo, 98
Seminários: conceito e finalidades, 97
Seminários: roteiro, 99
Sinopse, 16
Site, 31, 32, 33, 34, 35, 37, 38, 39
Sublinha, 11
Subtítulos, 84
Sumário/índice, 79
Tabulação, 138
Técnica da pesquisa de campo, 131
Técnica de entrevistas, 131
Técnicas de citações no corpo do trabalho, 91
Técnicas de pesquisa, 122
Técnicas de sublinha, 11

Tema: escolha, 71, 127
Tema: escolha e delimitação, 45
Temas, 99
Teste dos instrumentos de pesquisa, 131
Títulos, 84
Trabalho científico: partes obrigatórias, 79
Trabalho de graduação, 11
Trabalho de graduação: fases, 71
Trabalho de graduação: partes, 77
Universo da pesquisa, 148
URL, 30
    endereço, 31
Variáveis, 48
Variáveis: indicação, 129
Viabilidade da pesquisa, 127
Windows Explorer, 35